ITIL® 2011 EDITION -
DAS TASCHENBUCH

Other publications by Van Haren Publishing

Van Haren Publishing (VHP) specializes in titles on Best Practices, methods and standards within four domains:
- IT management
- Architecture (Enterprise and IT)
- Business management and
- Project management

Van Haren Publishing offers a wide collection of whitepapers, templates, free e-books, trainer material etc. in the **Van Haren Publishing Knowledge Base**: www.vanharen.net for more details.

Van Haren Publishing is also publishing on behalf of leading organizations and companies: ASLBiSL Foundation, CA, Centre Henri Tudor, Gaming Works, Getronics, IACCM, IAOP, IPMA-NL, ITSqc, NAF, Ngi, PMI-NL, PON, Quint, The Open Group, The Sox Institute, Tmforum.

Topics are (per domain):

IT (Service) Management / IT Governance	Architecture (Enterprise and IT)	Project/Programme/ Risk Management
ABC of ICT	Archimate®	A4-Projectmanagement
ASL®	GEA®	ICB / NCB
BiSL®	SOA	MINCE®
CATS CM®	TOGAF®	M_o_R®
CMMI®		MSP™
CoBIT	**Business Management**	P3O®
Frameworx	Contract Management	*PMBOK® Guide*
ISO 17799	EFQM	PRINCE2®
ISO 27001	eSCM	
ISO 27002	ISA-95	
ISO/IEC 20000	ISO 9000	
ISPL	ISO 9001:2000	
IT Service CMM	OPBOK	
ITIL®	Outsourcing	
ITSM	SAP	
MOF	SixSigma	
MSF	SOX	
SABSA	SqEME®	

For the latest information on VHP publications, visit our website: www.vanharen.net.

ITIL® 2011 Edition –
Das Taschenbuch

Kolophon

Titel:	ITIL® 2011 Edition - Das Taschenbuch
Englischer Autor:	Jan van Bon
Review Englische Version:	Rob van der Burg, Microsoft, Netherlands
	John Deland, Sierra Systems, itSMF Canada
	Peter van Gijn, Logica, Netherlands
	Jan Heunks, ICT Partners, Netherlands
	Kevin Holland, NHS, UK
	Steve Mann, Opsys-sm2, itSMF Belgium
	Reiko Morita, Ability InterBusiness Solutions, Inc., Japan
Deutsche Übersetzung:	Monika Dauer
Review Deutsche Version:	Ralf J. Asche (SMG)
	Hans-Peter Fröschle
Verlag:	Van Haren Publishing, Zaltbommel, www.vanharen.net
Layout und Satz:	CO2 Premedia bv, Amersfoort – NL
ISBN Hard copy:	978 90 8753 705 0
ISBN eBook:	978 90 8753 799 9
Druck:	Erste Ausgabe, erste Auflage, Juli 2012

Vorwort

Die vorliegende prägnante Zusammenfassung bietet eine praktische Einführung in die Zusammenhänge der fünf ITIL-Kernbücher. Sie basiert auf der Version von ITIL 2011 und erläutert die Struktur des Servicelebenszyklus sowie die Prozesse und Funktionen der einzelnen Phasen. Sie bietet auch eine Hilfestellung für alle Anwender, die bereits mit den vorherigen ITIL-Versionen vertraut sind und Unterstützung für den Übergang zur neuen Version benötigen.

In der Aktualisierung von 2011 wurden Fehler und Inkonsistenzen behoben, und Verbesserungen in Bezug auf Erläuterungen, Konsistenz, Richtigkeit und Vollständigkeit vorgenommen. Die Konzepte im Buch zu Service Strategy wurden im Hinblick auf Verständnis, Genauigkeit und Praxisnähe überarbeitet.

Das daraus resultierende Taschenbuch liefert dem Leser einen schnellen Bezug zu den Basiskonzepten von ITIL. Die Leser können die Publikation „Grundlagen des IT Service Management basierend auf ITIL" oder die ITIL-Kernpublikationen (Service Strategy, Service Design, Service Transition, Service Operation und Continual Service Improvement) für ein detaillierteres Verständnis und zur Orientierung nutzen.

Dieses Taschenbuch wurde auf demselben Weg produziert, wie die anderen Publikationen der Van Haren Publishing: Ein großes Team an Experten, darunter Herausgeber, Autoren und Rezensenten trugen zu einem umfassenden Text bei und es wurde ein großer Aufwand in die Entwicklung und Überprüfung des Manuskriptes investiert.

Über viele Jahre wurde das ITIL-Taschenbuch als sehr handliches Begleitbuch für ITIL genutzt. Ich bin überzeugt, dass dieses neue Taschenbuch wieder sehr gute Dienste leisten wird, für alle Anwender, Studenten und andere, die ITIL in ihrer Tasche bei sich tragen wollen.

Jan van Bon

Danksagungen

Auf Grundlage der offiziellen ITIL-Publikationen wurde dieses Taschenbuch als knappe und präzise Zusammenfassung der ITILV3-Kernbücher, geschrieben und von den Autoren der Publikation „Foundations of ITIL" entwickelt. Der Text ist eine Aktualisierung des ITILV3-Taschenbuchs, das von den Herausgebern und Reviewern der ITIL-Foundation-Publikation erstellt wurde. Zusätzlich wurden alle Mitglieder des IPESC, itSMF International's Publication Committee, eingeladen, sich am Review zu beteiligen. Darüber hinaus beteiligten sich 13 itSMF-Verbände aktiv am Review.

Das Review Team setzte sich zusammen aus:
- Rob van der Burg, Microsoft, Netherlands
- Judith Cremers, Getronics PinkRoccade Educational Services, Netherlands
- Dani Danyluk, Burntsand, itSMF Canada
- John Deland, Sierra Systems, itSMF Canada
- Robert Falkowitz, Concentric Circle Consulting, itSMF Switzerland
- Karen Ferris, itSMF Australia

- Peter van Gijn, Logica, Netherlands
- Jan Heunks, ICT Partners, Netherlands
- Kevin Holland, NHS, UK
- Ton van der Hoogen, Tot Z Diensten BV, Netherlands
- Matiss Horodishtiano, Amdocs, itSMF Israel
- Wim Hoving, BHVB, Netherlands
- Brian Johnson, CA, USA
- Steve Mann, Opsys-sm2, itSMF Belgium
- Reiko Morita, Ability InterBusiness Solutions, Inc., Japan
- Ingrid Ouwerkerk, Getronics PinkRoccade Educational Services, Netherlands
- Ton Sleutjes, Capgemini Academy, Netherlands
- Maxime Sottini, iCONS – Innovative Consulting S.r.l., itSMF Italy

Da nur ein geringer Teil geändert wurde, wurde die Aktualisierung von 2011 des ITIL-Taschenbuchs von einer kleineren Gruppe dieses Review Teams überprüft:

- Rob van der Burg, Microsoft, Netherlands
- John Deland, Sierra Systems, itSMF Canada
- Peter van Gijn, Logica, Netherlands
- Jan Heunks, ICT Partners, Netherlands
- Kevin Holland, NHS, UK
- Steve Mann, Opsys-sm2, itSMF Belgium
- Reiko Morita, Ability InterBusiness Solutions, Inc., Japan

Alle Reviewer verbrachten ihre wertvollen Stunden mit der detaillierten Bewertung des Textes, indem sie sich die Frage stellten „Ist der Inhalt eine korrekte Wiedergabe der ITIL-Kerninhalte unter besonderer Berücksichtigung des eingeschränkten Umfangs eines Taschenbuches?". Sie leisteten einen erheblichen Beitrag zur Qualität dieses Taschenbuches,

indem sie hunderte wertvolle Verbesserungsthemen vorschlugen,
und dafür möchten wir ihnen danken.

Der Review-Prozess wurde von den Herausgebern, von
Managing Editor bei Inform-IT, The Knowledge Center for
Service Management, gesteuert. Sie steuerten die Entwicklung
dieses Taschenbuches, indem sie sicherstellten, dass alle
Verfahren sorgfältig beachtet und alle Themen zur vollen
Zufriedenheit aller Reviewer weiter bearbeitet wurden.

Aufgrund der fachkundigen Leistungen des Review Teams und
der professionellen Unterstützung der Redakteure stellt das
Ergebnis dieses Taschenbuches ein neues großartiges Asset
dar und ermöglicht damit einen exzellenten Einstieg in die
ITIL-Kernbücher. Wir sind sehr zufrieden mit dem Ergebnis.
Das Taschenbuch wird für alle, die ein Verständnis auf höchster
Ebene, um was es sich bei ITIL handelt, erlangen wollen, von
sehr großem Wert sein.

Inhalt

Vorwort   5

Danksagungen   6

1   Einführung   **13**

1.1   Was ist ITIL?   13

1.2   Worauf stützt sich der Erfolg von ITIL?   14

1.3   ITIL-Examen   15

1.4   Aufbau dieses Taschenbuchs   16

1.5   Wie man dieses Taschenbuch nutzt   17

2   Einführung in den Servicelebenszyklus   **19**

2.1   Definition von Service Management   19

2.2   Interne und externe Kunden   20

2.3   Interne und externe Services   20

2.4   Überblick über den Servicelebenszyklus   20

2.5   Funktionen und Prozesse   23

2.6   Organisationsstruktur   24

2.7   ITIL Lebenszyklus-Cluster   27

2.8   Das Prozessmodell und die Merkmale von Prozessen   30

2.9   Glossar zu den ITIL-Schlüsselkonzepten   31

3   Lebenszyklusphase: Service Strategy   **45**

3.1   Einführung   45

3.2   Grundlegende Konzepte   45

3.3   Prozesse und andere Aktivitäten   47

3.4   Strategy Management for IT Services   48

3.5   Service Portfolio Management   50

3.6   Financial Management for IT Services   54

3.7   Demand Management   65

3.8   Business Relationship Management   69

3.9   Governance   70
3.10 Organisation   71
3.11 Methoden, Techniken und Tools   73
3.12 Implementierung und Betrieb   74

4   Lebenszyklusphase: Service Design   79
4.1   Einführung   79
4.2   Grundbegriffe   79
4.3   Prozesse und andere Aktivitäten   83
4.4   Design Coordination   84
4.5   Service Catalogue Management   87
4.6   Service Level Management   90
4.7   Availability Management   94
4.8   Capacity Management   98
4.9   IT Service Continuity Management   101
4.10 Information Security Management   104
4.11 Supplier Management   107
4.12 Aktivitäten im Service Design mit Technologiebezug   111
4.13 Organisation   116
4.14 Methoden, Techniken und Tools   117
4.15 Implementierung und Betrieb   117

5   Lebenszyklusphase: Service Transition   121
5.1   Einführung   121
5.2   Grundbegriffe   121
5.3   Prozesse und andere Aktivitäten   122
5.4   Transition Planning and Support   124
5.5   Change Management   126
5.6   Service Asset and Configuration Management   131
5.7   Release and Deployment Management   136
5.8   Service Validation and Testing   139
5.9   Change Evaluation   142

5.10 Knowledge Management   144
5.11 Organisation   147
5.12 Methoden, Techniken und Tools   148
5.13 Implementierung und Betrieb   148

6   Lebenszyklusphase: Service Operation   151
6.1 Einführung   151
6.2 Grundbegriffe   151
6.3 Prozesse und andere Aktivitäten   153
6.4 Event Management   155
6.5 Incident Management   159
6.6 Request Fulfilment   163
6.7 Problem Management   167
6.8 Access Management   171
6.9 Allgemeine Service-Operation-Aktivitäten   174
6.10 Organisation   183
6.11 Methoden, Techniken und Tools   189
6.12 Implementierung und Betrieb   190

**7   Lebenszyklusphase: Continual Service
      Improvement   193**
7.1 Einführung   193
7.2 Grundbegriffe   193
7.3 Prozesse und andere Aktivitäten   198
7.4 Seven-Step Improvement Process   199
7.5 Organisation   203
7.6 Methoden, Techniken und Tools   203
7.7 Implementierung und Betrieb   208

Abkürzungen   211
Verweise   215

1 Einführung

Dieses Taschenbuch unterstützt den Leser mit einer Kurzanleitung der Grundbegriffe von ITIL (ITIL 2011 Edition). Die Leser können die Publikation „Grundlagen des IT Service Management basierend auf ITIL" oder die ITIL-Kernpublikationen (Service Strategy, Service Design, Service Transition, Service Operation und Continual Service Improvement) für ein detaillierteres Verständnis und zur weiteren Orientierung nutzen.

1.1 Was ist ITIL?

Die Information Technology Infrastructure Library™ (ITIL) bietet eine systematische Einführung in die Förderung der Qualität von IT-Services. ITIL wurde in den 1980ern und 1990ern von der CCTA (Central Computer and Telecommunications Agency) im Auftrag des UK Government entwickelt. Seit damals liefert ITIL nicht nur ein auf Best Practice basierendes Framework, sondern auch die Einstellung und Philosophie, die die Menschen teilen, die damit praktisch arbeiten. ITIL wurde bisher dreimal aktualisiert, das erste Mal 2000-2002 (V2), das zweite Mal 2007 (V3) und schließlich das dritte Mal 2011. Ab 2011 werden die neuen Versionen nach dem Jahr ihres Release benannt („ITIL 2011").

Mehrere Organisationen sind in die Pflege der Best-Practice-Dokumentation in ITIL involviert:

- *Cabinet Office, Nachfolger des OGC (Office of Government Commerce)* – Eigentümer von ITIL, Förderer der Best Practices auf zahlreichen Gebieten inklusive des IT Service Management.

- *itSMF (IT Service Management Forum)* – Eine globale, unabhängige, international anerkannte Non-Profit-Organisation, die sich der Unterstützung der Entwicklung des IT Service Management widmet, z. B. durch Publikationen der Serie der ITSM-Bibliothek. Das itSMF setzt sich aus einer wachsenden Zahl von nationalen Verbänden (50+), mit dem itSMF International als Dachverband zusammen.

- *APM Group* – 2006 schloss OGC einen Vertrag über das Management der ITIL-Rechte, die Zertifizierung der ITIL-Examen und die Akkreditierung der Trainingsorganisationen mit der APM Group (APMG), einer kommerziellen Organisation, ab. APMG definiert die Zertifizierungs- und Akkreditierungsschemata für die ITIL-Examen und veröffentlicht die zugehörigen Zertifizierungssysteme.

- *Examinierungsinstitute* – Um die weltweite Lieferung der ITIL-Examen zu unterstützen, hat APMG eine Reihe von Examinierungsinstitute bevollmächtigt: BCS-ISEB, CERT-IT, CSME, DANSK IT, DF Certifiering AB, EXIN, Loyalist Certification Services, PEOPLECERT Group, and TÜV SÜD Akademie. Siehe www.itil-officialsite.com für neueste Informationen.

1.2   Worauf stützt sich der Erfolg von ITIL?

ITIL kombiniert eine Reihe von Eigenschaften und ist damit ein wertvolles und effektives Instrument, das ein wirklich wichtiges Ziel verfolgt: Schaffung von Mehrwert für das Business. Es ist anbieterneutral und ist damit für alle IT-Organisationen relevant, unabhängig von deren eingesetzten Produkten. Es enthält keine Vorschriften, so dass es in allen Organisationen in jedem beliebigen Geschäftskontext eingesetzt werden kann. Es gilt für private Organisationen ebenso wie für öffentliche, für interne ebenso wie für externe, für kleine ebenso wie für große Organisationen. Und schließlich bietet es Best Practices: Es stellt die Erfahrungen der erfolgreichsten Organisationen im Geschäftsbereich der IT-Services von heute dar.

1.3   ITIL-Examen

2007 hat der Akkreditierer (APM Group) ein neues Qualifizierungsschema für ITIL basierend auf ITIL V3 eingeführt. Die ITILV2-Zertifizierung lief Mitte 2011 aus. Kandidaten, die für ITIL V3 zertifiziert sind, benötigen keine erneute Zertifizierung für die Aktualisierung von ITIL 2011. Der Akkreditierer plant keine Übergangsexamen für diese anstehende Aktualisierung, da keine grundlegenden Änderungen in den Kernprozessbereiche und Prinzipien von ITIL vorgenommen wurden.

ITIL V2 hat Qualifikationen auf drei Ebenen:
* *Foundation Certificate* in IT Service Management
* *Practitioner's Certificate* in IT Service Management
* *Manager's Certificate* in IT Service Management

Die ITILV2-Examen bewährten sich mit großem Erfolg. Bis zum Jahr 2000 wurden etwa 60.000 Zertifikate ausgehändigt. In den folgenden Jahren ist die Zahl hochgeschossen und hat im Jahr 2006 die 500.000-Marke erreicht.

Für ITIL V3 wurde ein komplett neues System für die Qualifikationen aufgebaut.
Es gibt vier Qualifikationsebenen:
* Foundation Level
* Intermediate Level (Lifecycle Stream & Capability Stream)
* ITIL Expert Level
* ITIL Master Qualification

Jede der Phasen im Servicelebenszyklus erfordert entsprechende
Fertigkeiten und Erfahrungen der beteiligten Personen,
um effektiv und effizient im gesamten Lebenszyklus
zusammenzuarbeiten. Zu den Kernkompetenzen, -attributen
und -fertigkeiten gehören Business Awareness, ein grundlegendes
Verständnis dazu, welchen Beitrag die IT zum Business
leisten kann, Kompetenzen im Bereich Kundenservice sowie
die Fähigkeit, Best Practices und Richtlinien in der Arbeit
einzusetzen. Als Referenzmodell für IT-Organisationen wird
häufig das Skills Framework for the Information Age (SFIA)
herangezogen. Das SFIA definiert standardisierte Strukturen für
Fertigkeiten in Bezug auf Aufgaben und Kernkompetenzen.

Weitere Informationen zum aktuellen Status dieses Systems
können auf der ITIL-Website eingesehen werden:
http://www.itil-officialsite.com/qualifications. Weitere
Informationen zu SFIA sind unter der folgenden Adresse zu
finden: www.sfia.org.uk.

1.4   Aufbau dieses Taschenbuchs

Kapitel 2 bietet eine Einführung in den Servicelebenszyklus, und
stellt diesen in einen Kontext mit den IT-Service-Management-
Grundprinzipien. Es erläutert die Funktionen und Prozesse, die
in Zusammenhang mit jeder der Lebenszyklusphasen stehen.
Dieses Kapitel bietet grundlegende Informationen zu Prinzipien
der Prozesse, Teams, Rollen, Funktionen, Werkzeugen und
anderen Elementen von Bedeutung. Es zeigt ebenfalls, wie die
Prozesse, allgemeinen Aktivitäten und Funktionen in den fünf
ITIL-Kernpublikationen gebündelt sind.

In Kapitel 3 bis 7 werden die einzelnen Phasen des
Servicelebenszyklus im Detail erläutert, gefolgt von einer

standardisierten Struktur: Service Strategy, Service Design, Service Transition, Service Operation und Continual Service Improvement. Für die einzelnen Prozesse und Funktionen werden folgende Inhalte angegeben:

- Einführung
- Grundbegriffe
- Aktivitäten

1.5   Wie man dieses Taschenbuch nutzt

Leser, die hauptsächlich daran interessiert sind, ein schnelles Verständnis des Servicelebenszyklus zu erhalten, sollten sich auf die Einführungskapitel des Taschenbuches konzentrieren und die weiteren spezifischeren Informationen und Prozessen zu Funktionen und Prozessen aus den spezifischen Kapiteln entnehmen.

2 Einführung in den Servicelebenszyklus

2.1 Definition von Service Management

ITIL wird als *Best Practice* angesehen. Best Practice ist ein Ansatz oder eine Methode, der bzw. die sich selbst in der Praxis bewährt hat. Best Practices können eine solide Unterstützung für Organisationen sein, die ihre IT-Services verbessern möchten.

Der ITIL Servicelebenszyklus basiert auf ITIL's Kernkonzept des „Service Management" und dem zugehörenden Konzepten „Service" und „Value". Diese Kernbegriffe im Service Management werden wie folgt erklärt:

- *Service Management* – Service Management ist ein Set von spezialisierten, organisatorischen Fähigkeiten, dem Kunden einen Wert (Value) in Form von Services liefern.
- *Service* – Ein Service ist eine Möglichkeit, einen Mehrwert für Kunden zu erbringen, indem das Erreichen der von den Kunden angestrebten Ergebnisse erleichtert oder gefördert wird. Dabei müssen die Kunden selbst keine Verantwortung für bestimmte Kosten und Risiken tragen. Ergebnisse werden durch Leistung erreicht und sind einer Reihe von Beschränkungen unterworfen. Services erhöhen die Performance und reduzieren die Beschränkungen. Dies erhöht die Chance das gewünschte Ergebnis zu erreichen.
- *Wert* (Value) – Der Wert ist der Kern des Konzeptes. Aus Kundensicht, besteht der Wert aus zwei Kernkomponenten: Utility und Warranty. Utility ist was der Kunde erhalten möchte, und Warranty ist, wie es geliefert wird. Die Konzepte „Utility" und „Warranty" sind im Abschnitt zu Service Strategy beschrieben.

2.2   Interne und externe Kunden

Interne Kunden sind Personen oder Abteilungen, die Teil
derselben Organisation sind wie der Service Provider. Diese
Kunden können Geschäftsbereiche, Abteilungen, Teams oder
eine beliebige andere Organisationseinheit sein.

Externe Kunden sind Personen, die keine Angestellten der
Organisation sind, oder Organisationen, die separate juristische
Einheiten darstellen. Die Vereinbarungen zwischen einem
Service Provider und externen Kunden sind rechtsverbindliche
Verträge. Externe Kunden zahlen mit „echtem" Geld (oder
Gegenleistungen in Form von Waren).

Sowohl für interne als auch für externe Kunden muss derselbe
vereinbarte Service Level mit demselben Maß an Kundenservice
erbracht werden.

2.3   Interne und externe Services

Darüber hinaus gibt es interne und externe Services. Interne
Services werden für Kunden in derselben Organisation erbracht.
Externe Services werden für externe Kunden erbracht.

2.4   Überblick über den Servicelebenszyklus

ITIL behandelt Service Management vom Lebenszyklusaspekt
eines Service. Der Servicelebenszyklus ist ein organisatorisches
Modell, welches Einblick gewährt in:

- den Weg, wie Service Management strukturiert ist.
- die Art und Weise, wie verschiedene
  Lebenszykluskomponenten miteinander in Verbindung
  stehen.
- die Auswirkung, die eine Änderung an einer Komponente auf
  eine andere Komponente und das ganze Lebenszyklussystem
  haben kann.

Demnach fokussiert sich ITIL V3 auf den Servicelebenszyklus und den Weg, wie Service Management Komponenten verbunden sind. Prozesse und Funktionen werden ebenso in den Lebenszyklusphasen diskutiert.

Der Servicelebenszyklus besteht aus fünf Phasen. Jeder Band der neuen ITIL-Version beschreibt eine dieser Phasen. Die zugehörenden Prozesse werden im Detail in der jeweiligen Phase beschrieben, in welchem sie ihren Haupteinsatzbereich finden. Die fünf Phasen (Domains des Kernbuches) sind:

1. *Service Strategy* – Die Phase, die die Anforderungen für einen Service Provider definiert, um die Geschäftsanforderungen zu unterstützen. Aus der Perspektive der Wertschöpfung für den Kunden – das Business beschreibt sie die Strategie für die Erbringung und das Management von Services an den Kunden.
2. *Service Design* – Die Phase, in der Services für die Einführung in die Servicebereitstellungsumgebung entworfen und geplant werden. Sie umfasst mehrere Methoden, mit denen sichergestellt wird, dass die Services unter Berücksichtigung der Geschäftsziele entworfen werden.
3. *Service Transition* – Nach den Phasen Service Strategy und Service Design im Lebenszyklus stellen die Aktivitäten in dieser Phase sicher, dass Service Releases erfolgreich in den unterstützten Umgebungen implementiert werden. Darüber hinaus sorgt diese Phase dafür, dass neue, geänderte oder stillgelegte Services den Erwartungen des Business gerecht werden, während zugleich die Risiken eines Fehlschlags und daraus folgende Unterbrechungen gesteuert werden.
4. *Service Operation* – In dieser Phase erfolgt die Koordination und Ausführung der Aktivitäten und Prozesse, die für die Bereitstellung und das Management von Services, gemäß

vereinbarter Service Levels, für Business-Anwender und
Kunden erforderlich sind.

5. *Continual Service Improvement* – Die fünfte Phase
   beschreibt Best Practices, um schrittweise und umfassende
   Verbesserungen in der Servicequalität, operativen Effizienz
   und Business Continuity zu erreichen und sicherzustellen,
   dass das Serviceportfolio stets auf die Anforderungen des
   Unternehmens abgestimmt ist.

Service Strategy ist die Achse des Servicelebenszyklus
(Abbildung 2.1), welche alle anderen Phasen antreibt; es ist
die Phase, die Richtlinien und Ziele setzt. Die Phasen Service
Design, Service Transition und Service Operation werden
von dieser Strategie geführt. Ihr fortwährendes Motiv ist
Anpassung und Veränderung. Die Phase Continual Service

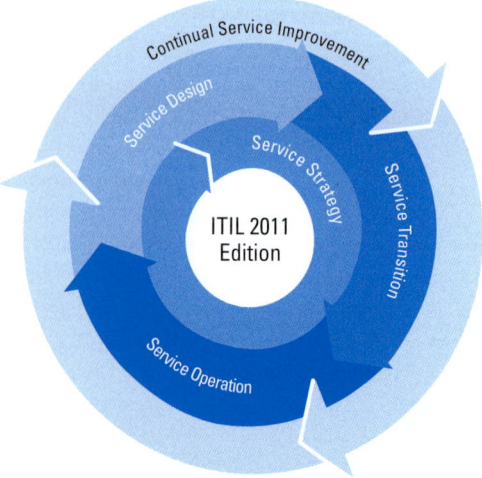

Abbildung 2.1 Der Servicelebenszyklus
Quelle: the Cabinet Office

Improvement steht für Lernen und Verbesserung und umschließt alle anderen Lebenszyklusphasen. Diese Phase initiiert Verbesserungsprogramme und -projekte und priorisiert diese, basierend auf den strategischen Zielen der Organisation.

2.5 Funktionen und Prozesse

Jeder der Lebenszyklen beschreibt eine Reihe von Prozessen und Funktionen. Prozesse und Funktionen werden wie folgt definiert:

- *Prozess* – Ein strukturierter Satz an Aktivitäten, entwickelt um ein definiertes Ziel zu erreichen. Prozesse haben Inputs und Outputs, führen zu zielorientierten Veränderungen und nutzen Feedback für eigenständige Verbesserungs- und Korrekturaktionen. Prozesse sind messbar, liefern Ergebnisse für Kunden und Stakeholder, sind kontinuierlich und iterativ und starten immer aus einem bestimmten Ereignis heraus. Prozesse können mehrere organisatorische Einheiten abdecken. Ein Beispiel eines Prozesses ist Change Management.
- *Funktion* – Ein Team oder eine Gruppe von Personen und die Tools, die genutzt werden, um einen oder mehrere Prozesse oder Aktivitäten auszuführen, spezialisiert auf die Erfüllung einer speziellen Art von Tätigkeit und verantwortlich für spezifische Endresultate. Funktionen haben ihre eigenen Praktiken und ihren eigenen Wissensbestand. Funktionen können von verschiedenen Prozessen Gebrauch machen. Ein Beispiel einer Funktion ist der Service Desk. (Berücksichtigen Sie bitte: „Funktion" kann ebenso „Funktionalität", „Arbeitsweise" oder „Job" bedeuteten.)

Prozesse werden oft in Form von Verfahren und Arbeitsinstruktionen beschrieben:

- Ein *Verfahren* ist ein spezieller Weg, um Aktivitäten oder
  Prozesse auszuführen. Ein Verfahren beschreibt das „Wie"
  und kann ebenso beschreiben „Wer" die Aktivitäten
  durchführt. Ein Verfahren kann Stufen von verschiedenen
  Prozessen beinhalten. Verfahren können abhängig von der
  Organisation variieren.

- Eine Zusammenstellung von *Arbeitsinstruktionen* definiert,
  durch Nutzung von Technologien oder anderer Ressourcen,
  wie eine oder mehrere Aktivitäten in einem Verfahren im
  Detail ausgeführt werden sollen.

2.6   Organisationsstruktur

Bei Aufbau einer Organisation, werden Positionen und Rollen
in Zusammenhang mit verschiedenen Gruppen (Teams,
Abteilungen etc.) vergeben:

- *Rollen* sind Zusammenstellungen von Verantwortungen,
  Aktivitäten und Berechtigungen, die einer Person oder einem
  Team zugeschrieben werden. Eine Person oder ein Team kann
  mehrere Rollen haben; z. B. kann die Rolle Configuration
  Manager und Change Manager von einer einzigen Person
  ausgeführt werden.

- *Positionen* sind traditionell Aufgaben und Verantwortungen,
  die einer bestimmten Person zugewiesen werden. Eine Person
  in einer jeweiligen Position hat ein klar definiertes Paket an
  Aufgaben und Verantwortlichkeiten, welches verschiedene
  Rollen beinhalten kann. Positionen können auch ganz
  allgemein als logisches Konzept definiert werden, welches
  auf die Mitarbeiter Bezug nimmt, die einen klar definierten
  Prozess, eine Aktivität oder eine Kombination aus Prozess

oder Aktivität durchführen. Individuen und Rollen stehen in einem N:N-Verhältnis (Viele-zu-Vielen).

Jeder Prozess kann separat betrachtet werden, um dessen Qualität zu optimieren:

- Der *Process Owner* (Prozessverantwortliche) ist verantwortlich für die Prozessergebnisse.
- Der *Prozessmanager* ist für die Realisierung und Struktur des Prozesses verantwortlich und erstattet dem Process Owner Bericht.
- Die *praktischen Prozessanwender* sind für die definierten Aktivitäten verantwortlich. Über diese Aktivitäten wird dem Prozessmanager Bericht erstattet.

Auf Grundlage der Daten aus den einzelnen Prozessen kann das Management einer Organisation Kontrolle ausüben. In den meisten Fällen wurden die Leistungsindikatoren und Standards bereits vereinbart und die Prozessmanager können ihrer routinemäßigen, täglichen Kontrolle des Prozesses nachgehen. Der Process Owner wägt die Resultate, die auf Berichten der Leistungsindikatoren basieren, ab und überprüft, ob die Ergebnisse den vereinbarten Standards entsprechen. Ohne klare Indikatoren ist es für einen Process Owner schwer zu bestimmen, ob der Prozess unter Kontrolle ist und ob geplante Verbesserungen eingeführt worden sind.

Bei der Festlegung von Services oder Prozessen müssen alle Rollen eindeutig definiert sein, und es muss klar sein, wer welche Aufgaben ausführt. Dafür kann ein Zuständigkeitsmodell wie RACI eingesetzt werden. RACI bietet eine „Kompetenzmatrix" zur Definition von Rollen und Zuständigkeiten in Verbindung mit Prozessen und Aktivitäten.

RACI ist eine Abkürzung für die folgenden vier wichtigen Rollen:

- *Responsible (zuständig für die Durchführung)* – die Person oder der Personenkreis, die/der für die korrekte Ausführung verantwortlich ist (d. h. die Aufgabe erledigt)
- *Accountable (letztlich verantwortlich für das Ergebnis)* – die Person, die für die Qualität und das Endergebnis verantwortlich ist. Es kann immer nur eine Person für jeweils eine Aufgabe verantwortlich sein.
- *Consulted (muss/soll beteiligt sein, liefert Input)* – der Personenkreis, dessen Ratschlag und Meinung eingeholt wird. Er ist durch Input von Wissen und Informationen beteiligt.
- *Informed (muss über den Fortschritt informiert werden)* – Der Personenkreis, der über die Fortschritte auf dem Laufenden gehalten wird. Er erhält Informationen über die Prozessausführung und -qualität.

Personen, Prozesse, Produkte und Partner (die vier Ps) stellen die Haupt„maschinerie" vieler Organisationen dar, aber sie arbeiten nur gut, wenn die Maschine geölt ist: *Kommunikation* ist ein wichtiges Element in jeder Organisation. Wenn die Mitarbeiter nichts über die Prozesse wissen oder die falschen Instruktionen oder Programme verwenden, wird der Output nicht wie erwartet sein. Formale Strukturen zur Kommunikation beinhalten:

- *Berichtswesen* – Interne und externe Berichterstattung für das Management oder Kunden, Projektfortschrittsberichte, Alarme (alerts).
- *Meetings* – Formale Projektmeetings, reguläre Meetings mit speziellen Planzielen.
- *Online Facilities* – Email-Systeme, Chat Rooms, Pager, Groupware, Dokumentensysteme, Messenger Facilities, Telefonkonferenzen und virtuelle Meetingräume

- *Notizwände* – Nahe dem Kaffeeautomaten, am Eingang des Gebäudes, in der Kantine.

Es wird empfohlen ein allgemeines Verständnis für Prozesse, Projekte, Programme und Portfolios zu entwickeln. Die folgenden Definitionen können hierfür genutzt werden:

- *Prozess* – Ein Prozess ist ein strukturierter Satz an Aktivitäten, konstruiert, um ein definiertes Ziel zu erreichen.
- *Projekt* – Ein Projekt ist eine temporäre Organisation mit Menschen und anderen Assets, die erforderlich sind, um ein Ziel zu erreichen.
- *Programm* – Ein Programm besteht aus einer Anzahl von Projekten und Aktivitäten, welche zusammen geplant und gesteuert werden, um eine übergeordnete Menge von ähnlichen Zielen zu erreichen.
- *Portfolio* – Ein Portfolio ist eine Zusammenstellung von Projekten und/oder Programmen, die nicht notwendigerweise verwandt sein müssen. Es wird zusammengestellt um der Kontrolle willen und um die Koordination und Optimierung des Portfolio in seiner Gesamtheit zu erreichen. Anmerkung: Ein Serviceportfolio ist die komplette Zusammenstellung der Services, die durch den Service Provider verwaltet werden.

2.7 ITIL Lebenszyklus-Cluster

ITIL V3 beinhaltet fünf Kernbücher – eines für jede Phase des Lebenszyklus. Jede dieser fünf Lebenszyklusphasen beschreibt Prozesse, Funktionen und „verschiedenartige Aktivitäten". Diese Lebenszyklusklassifikation repräsentiert eine andere Dimension als die Prozessstruktur, welche die Betriebsmethode des Service Providers beschreibt. Als solches kann ein Prozess in mehreren Phasen auftauchen.

Die detaillierte Beschreibung eines Prozesses oder einer Funktion ist jeweils in nur einem der fünf Bücher enthalten, auch wenn der Prozess in anderen Phasen (Büchern) genauso relevant sein kann. In diesem Fall ist die Beschreibung in dem Buch zu finden, in dem der Prozess oder die Funktion den Hauptbeitrag zum Lebenszyklus leistet.

Die Prozesse und Funktionen, die in den nächsten Kapiteln beschrieben werden (ITIL-Reihenfolge):

Service-Strategy-Prozesse:
- Strategy Management for IT Services
- Service Portfolio Management
- Financial Management
- Demand Management
- Business Relationship Management

Service-Design-Prozesse:
- Design Coordination
- Service Catalogue Management
- Service Level Management
- Availability Management
- Capacity Management
- IT Service Continuity Management (ITSCM)
- Information Security Management
- Supplier Management

Service-Transition-Prozesse:
- Transition Planning and Support
- Change Management
- Service Asset and Configuration Management
- Release and Deployment Management

- Service Validation and Testing
- Change Evaluation
- Knowledge Management

Service-Operation-Prozesse:
- Event Management
- Incident Management
- Request Fulfilment
- Problem Management
- Access Management

Continual-Service-Improvement-Prozesse:
- The Seven-Step Improvement Process (CSI-Verbesserungsprozess).

Aktivitäten im Service Design mit Technologiebezug:
- Techniken zur Anforderungsverwaltung
- Management von Daten und Informationen
- Management von Anwendungen

Allgemeine Aktivitäten der Phase Service Operation:
- Monitoring und Steuerung
- IT-Betrieb
- Management und Support von Servern und Mainframes
- Netzwerkmanagement
- Speichern und Archivieren
- Datenbankadministration
- Management von Directory Services
- Support für Desktops und mobile Geräte
- Middleware Management
- Internet-/Web-Management
- Facilities Management und Rechenzentrumsmanagement

Funktionen aus der Phase Service Operation:
- Service Desk
- Technical Management
- IT Operations Management
- Application Management

Hinweis: Insgesamt gibt es in ITIL mehr als 26 Prozesse, da einige der Prozesse, wie Financial Management for IT Services aus Unterprozessen bestehen.

Die nächsten Kapitel stellen diese Prozesse, Aktivitäten und Funktionen in den unterschiedlichen Lebenszyklusphasen vor.

2.8   Das Prozessmodell und die Merkmale von Prozessen

Ein Prozess ist ein strukturierter Satz an Aktivitäten, mit deren Hilfe ein bestimmtes Ziel erreicht werden soll. Ein Prozess wandelt einen oder mehrere definierte Inputs in definierte Outputs um. Zu Prozessmerkmalen gehören:

- *Prozesse sind messbar* – Der Prozess kann in einer relevanten und maßgeblichen Weise gemessen werden. Er wird durch die Performance gesteuert. Manager messen die Kosten, Qualität und andere Variablen, während praktische Anwender sich mit der Dauerhaftigkeit und Produktivität befassen.
- *Sie haben spezifische Ergebnisse* – Ein Prozess existiert, um ein bestimmtes Ergebnis bereitzustellen. Dieses Ergebnis muss individuell identifizierbar und zählbar sein.
- *Prozesse verfügen über Kunden* – Jeder Prozess stellt seine primären Ergebnisse für einen Kunden oder Stakeholder bereit. Die Kunden können organisationsintern oder organisationsextern angesiedelt sein. Unabhängig davon

müssen die Prozesse die Erwartungen der Organisationen erfüllen.

- *Sie reagieren immer auf bestimmte Events* – Ein Prozess kann fortlaufend oder schrittweise verlaufen, sollte aber immer auf einen bestimmten Auslöser zurückzuführen sein.

Ein Prozess ist im Hinblick auf bestimmte Ziele organisiert. Die wichtigsten Outputs des Prozesses sollten von den Zielen gesteuert werden und Prozessmessungen (Messgrößen), Berichte und Prozessverbesserungen umfassen.

Wenn der Prozess-Output der operativen Norm entspricht, kann der Prozess als effektiv erachtet werden. Wenn der Prozess mit einem minimalen Ressourcenaufwand ausgeführt wird, gilt der Prozess auch als effizient. Prozesse sollten dokumentiert und gesteuert werden.

2.9   Glossar zu den ITIL-Schlüsselkonzepten

Im ITIL-Glossar sind die in ITIL verwendeten Begriffe definiert. Diese beinhalten folgende Schlüsselkonzepte.

Alarm
Eine Warnung, dass ein Grenzwert erreicht oder eine Änderung vorgenommen wurde bzw. dass ein Ausfall aufgetreten ist. Ein Alarm wird häufig über System Management Tools erstellt und verwaltet; das Management erfolgt im Event-Management-Prozess.

Assets, Ressourcen und Fähigkeiten
Ein Asset ist jedwede Ressource oder Fähigkeit. Die Assets eines Service Providers umfassen alle Elemente, die zur Erbringung eines Service beitragen können. Es werden folgende Asset-Typen

unterschieden: Management, Organisation, Prozess, Wissen, Mitarbeiter, Informationen, Anwendungen, Infrastruktur und finanzielles Kapital.

Ein Kunden-Asset ist eine Ressource oder Fähigkeit des Kunden, um ein Geschäftsergebnis zu erreichen. Ein Service-Asset ist jedwede Ressource oder Fähigkeit eines Service Providers zur Erbringung von Services für einen Kunden. Ressource ist ein allgemeiner Begriff, der die IT-Infrastruktur, Personen, Geld oder andere Elemente umfasst, die zur Erbringung eines IT-Service beitragen können. Ressourcen werden als Assets einer Organisation betrachtet.

Der Begriff „Fähigkeit" beschreibt die Eigenschaft einer Organisation, einer Person, eines Prozesses, einer Anwendung, eines Configuration Item oder eines IT-Service zur Durchführung einer Aktivität. Fähigkeiten gehören zu den nicht greifbaren Assets einer Organisation.

Business Case

Rechtfertigung für einen umfassenden Ausgabenposten. Beinhaltet Informationen zu Kosten, Nutzen, Optionen, offenen Punkten, Risiken und möglichen Problemen.

Change

Hinzufügen, Modifizieren oder Entfernen eines Elements, das Auswirkungen auf die IT-Services haben könnte. Der Umfang sollte Changes an allen Architekturen, Prozessen, Tools, Messgrößen und Dokumentationen genauso einschließen, wie Changes an IT-Services und anderen Configuration Items.

Change-Vorschläge und Change Requests

Ein Request for Change (RFC) ist ein formaler Antrag zur Durchführung eines Change. Er beinhaltet Details zum beantragten Change und kann auf Papier oder elektronisch erfasst werden. Der Begriff „RFC" wird häufig fälschlicherweise für einen Change Record oder den Change selbst verwendet. Wenn umfassende Changes angefordert oder neue Services eingeführt werden, kann einem tatsächlichen Change Request ein Change-Vorschlag vorausgehen. Der Change-Vorschlag ist ein Dokument, das eine grobe Beschreibung einer potenziellen Serviceeinführung oder eines gravierenden Change beinhaltet, sowie einen entsprechenden Business Case und die angenommene Zeitplanung für die Umsetzung. Change-Vorschläge werden normalerweise durch den Service-Portfolio-Management-Prozess erstellt und an das Change Management zur Autorisierung geleitet. Das Change Management wird die potenziellen Auswirkungen auf andere Services, gemeinsam genutzte Ressourcen und den Change Schedule insgesamt betrachten. Sobald der Change-Vorschlag autorisiert wurde, wird das Service Portfolio Management den Service erteilen und anhand von RFCs wird der eigentliche Change eingeführt.

Change-Typen
Es gibt drei grundlegende Typen von Service Changes:
- Ein Standard Change ist ein vorab genehmigter Change, der von geringem Risiko ist, relativ häufig eingesetzt wird und einem bestimmten Verfahren oder einer Arbeitsanweisung folgt.
- Ein Notfall-Change ist ein Change, der so bald wie möglich durchgeführt werden muss, beispielsweise um einen Major Incident zu lösen oder ein Sicherheits-Patch zu installieren.
- Ein normaler Change ist ein Change, der kein Notfall-Change und kein Standard-Change ist.

Kommunikation in der Service Operation

In der Phase Service Operation ist eine gute Kommunikation mit anderen IT-Teams und Abteilungen, Anwendern und internen Kunden sowie zwischen den Service Operation Teams und den jeweiligen Abteilungen sehr wichtig. Problematische Situationen können häufig durch eine intensive Kommunikation vermieden oder abgeschwächt werden. Die Kommunikation kann sich auf alle Arten der Kommunikation im Betrieb beziehen: zwischen den Organisationseinheiten, zur Leistung in Bezug auf Changes, zu Ausnahmen, Notfällen etc. Sie kann in formalen Meetings, über soziale Netzwerke oder in anderer Form erfolgen, wie von der Organisationskultur und in den Standard Operating Procedures festgelegt.

Configuration Item (Konfigurationselement, CI)

Alle Komponenten und andere Service Assets, die gemanagt werden müssen, um einen IT-Service bereitstellen zu können. Configuration Items unterstehen der Steuerung und Kontrolle des Change Management. CIs umfassen vor allem IT-Services, Hardware, Software, Gebäude, Personen und formale Dokumentationen, beispielsweise zum Prozess und Service Level Agreements.

Configuration Management System (CMS)

Eine Kombination von Tools, Daten und Informationen, die zur Unterstützung des Service Asset and Configuration Management genutzt werden. Das CMS ist Teil eines übergreifenden Service Knowledge Management Systems und umfasst Tools zum Sammeln, Speichern, Managen, Aktualisieren, Analysieren und zur Präsentation von Daten zu allen Configuration Items und deren Beziehungen. Das CMS kann auch Informationen über Incidents, Probleme, Known Errors, Changes und Releases enthalten. Das CMS untersteht der Zuständigkeit des Service Asset and Configuration Management und wird von allen IT-Service-Management-Prozessen genutzt.

CSI-Register

Eine Datenbank oder ein strukturiertes Dokument, die bzw. das zur Erfassung und dem Management von Verbesserungs-möglichkeiten über den gesamten Lebenszyklus genutzt wird.

Kunden und Anwender

Im Service Management stellen Kunden und Anwender zwei unterschiedliche Ebenen dar. Person, die Waren oder Services erwirbt. Der Kunde eines IT Service Providers ist die Person oder Gruppe, mit der die Service Level definiert und vereinbart werden. Es können einer oder mehrere Anwender in einer Kundeorganisation vorhanden sein. Ein Anwender ist eine Person, die einen IT-Service im Rahmen ihrer täglichen Aufgaben einsetzt. Anwender sind von Kunden zu unterscheiden, da manche Kunden die IT-Services nicht unmittelbar nutzen.

Definitive Media Library (Maßgebliche Medienbibliothek, DML)

Ein oder mehrere Standorte, an dem die endgültigen und autorisierten Versionen aller Software Configuration Items sicher gespeichert sind. Die Definitive Media Library kann darüber hinaus zugehörige Configuration Items wie Lizenzen und Dokumentationen beinhalten. Sie ist als einzelner logischer Speicherbereich definiert, auch wenn sie auf verschiedene Speicherorte aufgeteilt sein kann. Sie untersteht der Steuerung des Service Asset and Configuration Management und wird im Configuration Management System erfasst.

Deming Cycle (Plan, Do, Check, Act – Planen, Durchführen, Überprüfen, Handeln)

Ein Zyklus in vier Phasen für das Prozessmanagement, der auf Edward Deming zurückgeführt wird. Der Deming Cycle wird auch als „Plan-Do-Check-Act" bezeichnet:

- *Plan* (Planen): Design oder Überarbeitung von Prozessen, die die IT-Services unterstützen.
- *Do* (Durchführen): Implementierung des Plans und Management der Prozesse.
- *Check* (Überprüfen): Messung der Prozesse und IT-Services, Vergleich mit den Zielen und Erstellung von Berichten.
- *Act* (Handeln/Eingreifen): Planung und Implementierung von Changes, um die Prozesse zu verbessern.

Event

Eine Statusänderung, die für das Management eines Configuration Item oder IT-Service von Bedeutung ist. Der Begriff „Event" bezeichnet darüber hinaus einen Alarm oder eine Benachrichtigung durch einen IT-Service, ein Configuration Item oder ein Monitoring Tool. Bei Events müssen in der Regel die Mitarbeiter des IT-Betriebs aktiv werden, und häufig führen Events zur Erfassung von Incidents.

Governance

Die Governance stellt sicher, dass Richtlinien und Strategien auch tatsächlich implementiert werden und die erforderlichen Prozesse korrekt eingehalten werden. Die Governance umfasst die Definition von Rollen und Verantwortlichkeiten, Maßnahmen und Berichte sowie Aktionen zur Lösung aller identifizierten Anliegen.

Auswirkungen, Dringlichkeit und Prioritäten

Aufgrund eingeschränkter Ressourcen können nicht alle Anrufe und Störungen bei der Serviceerbringung gleichzeitig behandelt werden. Die relative Wichtigkeit eines Incident, Problems oder Change wird durch seine Priorität bestimmt. Die Priorität basiert auf der Auswirkung und Dringlichkeit und wird eingesetzt, um den erforderlichen Zeitbedarf für die auszuführenden Aktionen zu ermitteln. Ein Service Level Agreement kann beispielsweise angeben, dass Incidents der Priorität 2 innerhalb von 12 Stunden behoben werden müssen. Die Auswirkung ist das Maß für die Folgen eines Incident, Problems oder Change auf Business-Prozesse. Die Auswirkung basiert häufig darauf, inwieweit Service Level betroffen sind. Mithilfe der Auswirkung und der Dringlichkeit erfolgt die Zuweisung einer Priorität. Die Dringlichkeit ist ein Wert, der wiedergibt, wie lange es dauert, bis ein Incident, Problem oder Change maßgebliche Auswirkungen auf das Business hat. Ein Incident mit erheblichen Auswirkungen kann beispielsweise von geringer Dringlichkeit sein, wenn die Auswirkungen das Business bis zum Ende des Geschäftsjahrs nicht beeinträchtigen. Mithilfe der Auswirkung und der Dringlichkeit erfolgt die Zuweisung einer Priorität.

Incident

Eine nicht geplante Unterbrechung eines IT-Service oder eine Qualitätsminderung eines IT-Service. Auch ein Ausfall eines Configuration Item ohne bisherige Auswirkungen auf einen Service ist ein Incident. Beispiel: Ein Ausfall einer oder mehrerer Festplatten in einer gespiegelten Partition.

Known Error

Ein Known Error ist ein Problem, für das die Ursache und ein Workaround dokumentiert wurden. Das Problem Management

ist verantwortlich für die Erstellung und Verwaltung von
Known Errors während ihres gesamten Lebenszyklus. Known
Errors können auch von der Entwicklung oder den Suppliern
identifiziert werden.

Known Error Database (KEDB)

Eine Datenbank, die Records aller Known Errors enthält. Diese
Datenbank wird vom Problem Management erstellt und vom
Incident und Problem Management genutzt. Die Known Error
Database kann Teil des Configuration Management Systems
sein oder an anderer Stelle im Service Knowledge Management
System gespeichert werden.

Operational Level Agreement (Vereinbarung auf Betriebsebene, OLA)

Eine Vereinbarung zwischen einem IT Service Provider und
einem anderen Teil derselben Organisation. Sie unterstützt die
Bereitstellung von IT-Services durch den IT Service Provider für
den Kunden und definiert die zu liefernden Waren oder Services
und die Verantwortlichkeiten der beiden Parteien.
Ein Operational Level Agreement könnte beispielsweise
bestehen zwischen:
- dem IT Service Provider und einer Einkaufsabteilung, um
  Hardware innerhalb vereinbarter Zeitspannen zu erhalten
- dem Service Desk und einer Support-Gruppe, um eine
  Incident-Lösung innerhalb der vereinbarten Zeit zu erreichen

Business-Aktivitätsmuster (Pattern of Business Activity, PBA)

Ein Auslastungsprofil einer oder mehrerer Business-Aktivitäten.
Business-Aktivitätsmuster werden durch den IT Service Provider
genutzt, um unterschiedliche Intensitäten der Business-Aktivität
zu verstehen und entsprechend zu planen.

Problem

Die Ursache für einen oder mehrere Incidents. Zum Zeitpunkt der Erstellung eines Problem Record ist die Ursache in der Regel unbekannt. Für die weitere Untersuchung ist der Problem Management Prozess verantwortlich.

Release-Richtlinie

Eine Release-Richtlinie definiert die Kriterien, Rollen, Verantwortlichkeiten, den aggregierten Ansatz und die einzusetzenden Techniken, um aggregierte Changes als Release zu managen. Auf jeden Service wird eine Release-Richtlinie angewendet. Diese wird mit dem Business und allen relevanten Parteien vereinbart.

Risikomanagement

Der Prozess, der für die Identifizierung, Bewertung und Steuerung von Risiken verantwortlich ist. Der Begriff „Risikomanagement" wird manchmal auch genutzt, um den zweiten Teil des Gesamtprozesses zu bezeichnen, nachdem Risiken identifiziert und bewertet wurden, wie in „Risikobewertung und -management". Dieser Prozess wird in den ITIL-Kernpublikationen nicht im Detail beschrieben.

Servicekatalog

Eine Datenbank oder ein strukturiertes Dokument mit Informationen zu allen Live IT-Services, einschließlich der Services, die für das Deployment verfügbar sind. Der Servicekatalog ist Teil des Serviceportfolios und enthält Angaben zu zwei Arten von IT-Services: Kundengerichtete Services, die für das Business sichtbar sind, und unterstützende Services, die für den Service Provider notwendig sind, um kundengerichtete Services bereitzustellen.

Service Design Package (SDP)
Dokumente, in denen alle Aspekte eines IT-Service einschließlich dessen Anforderungen für jede Phase des Lebenszyklus des IT-Service definiert sind. Ein Service Design Package wird für neue IT-Services, umfassende Changes und die Stilllegung von IT-Services erstellt.

Service Knowledge Management System (SKMS)
Eine Kombination von Tools und Datenbanken, die für das Management von Wissen, Informationen und Daten eingesetzt wird. Das Service Knowledge Management System schließt das Configuration Management System sowie andere Datenbanken und Informationssysteme ein. Das Service Knowledge Management System beinhaltet Tools für das Sammeln, Speichern, Managen, Aktualisieren, Analysieren und Präsentieren allen Wissens, aller Informationen und Daten, die ein Service Provider für das Management des gesamten Lebenszyklus der IT-Services benötigt. Siehe Knowledge Management.

Service Level Agreement (Service-Level-Vereinbarung, SLA)
Eine Vereinbarung zwischen einem IT Service Provider und einem Kunden. Das SLA beschreibt den jeweiligen IT-Service, dokumentiert Service-Level-Ziele und legt die Verantwortlichkeiten des IT Service Providers und des Kunden fest. Ein einzelnes SLA kann mehrere IT-Services oder mehrere Kunden abdecken.

Serviceportfolio
Die Gesamtheit aller Services, die von einem Service Provider gemanagt werden. Das Serviceportfolio wird für das Management des gesamten Lebenszyklus aller Services genutzt.

Es umfasst drei Kategorien: Service-Pipeline (beantragt oder in der Entwicklung), Servicekatalog (Live oder bereit zum Deployment) und stillgelegte Services.

Service Provider

Eine Organisation, die einem oder mehreren internen Kunden oder externen Kunden Services zur Verfügung stellt. „Service Provider" wird häufig als Kurzform des Begriffs IT Service Provider verwendet.

Service Request (Serviceantrag)

Eine formale Anfrage eines Anwenders nach etwas, das bereitgestellt werden soll, beispielsweise eine Anfrage nach Informationen oder Beratung, danach ein Passwort zurückzusetzen oder einen Arbeitsplatz für einen neuen Anwender zu installieren. Service Requests werden durch den Request-Fulfilment-Prozess gemanagt, normalerweise in Verbindung mit dem Service Desk. Service Request können mit einem Request for Change als Teil der Erfüllung des Antrags verknüpft sein.

Servicetypen

Alle Services können nach ihrer Beziehung untereinander oder nach ihrer Beziehung zum Kunden klassifiziert werden. Es gibt drei Typen von IT-Services:

- *Core Services* liefern die grundlegenden Ergebnisse, die von einem oder mehreren Kunden gewünscht werden.
- *Ermöglichende Services* sind Services, die notwendig sind, um einen Core Service zu erbringen.
- *Erweiternde Services* sind Services, die zu einem Core Service hinzugefügt werden, um ihn für den Kunden attraktiver zu machen.

Jeder dieser Typen kann als unterstützender Service, interner kundengerichteter Service oder externer kundengerichteter Service genutzt werden.

Supplier
Eine Drittpartei (Zulieferer, Lieferant), die für die Bereitstellung von Waren oder Services verantwortlich ist, die für die Erbringung von IT-Services benötigt werden. Zu Suppliern zählen u. a. Hardware- und Softwareanbieter, Netzwerk- und Telekommunikationsanbieter oder Outsourcing-Organisationen.

Underpinning Contracts (Verträge mit Drittparteien)
Ein Vertrag zwischen einem IT Service Provider und einer Drittpartei. Die Drittpartei stellt Waren oder Services zur Verfügung, die die Bereitstellung eines IT-Service für einen Kunden unterstützen. Der Underpinning Contract definiert Ziele und Verantwortlichkeiten, um die in einem oder mehreren Service Level Agreements vereinbarten Service Level zu erreichen.

Utility und Warranty
Die Funktionalität, die von einem Produkt oder Service angeboten wird, um einem bestimmten Bedürfnis gerecht zu werden. Utility wird häufig auch bezeichnet als „das, was ein Service tut", und kann genutzt werden, um zu bestimmen, ob ein Service in der Lage ist, die erforderlichen Ergebnisse zu liefern, oder anders ausgedrückt, ob er „zweckmäßig" ist. Warranty wird häufig auch bezeichnet als „die Art und Weise, wie der Service bereitgestellt wird", und kann genutzt werden, um zu bestimmen, ob ein Service „einsatzfähig" ist. Der Wert für das Business aus einem IT-Service setzt sich aus der Kombination von Utility und Warranty zusammen.

Workaround (Übergangslösung)

Eine Maßnahme zur Reduzierung oder Beseitigung der Auswirkungen von Incidents oder Problemen, für die noch keine vollständige Lösung verfügbar ist, z. B. durch den Neustart eines ausgefallenen Configuration Item. Workarounds für Probleme werden in Known Error Records dokumentiert. Workarounds für Incidents, die nicht über zugeordnete Problem Records verfügen, werden in Incident Records dokumentiert.

3 Lebenszyklusphase: Service Strategy

3.1 Einführung

In diesem Abschnitt wird die Achse (Leitlinie zum Entwurf, zur Entwicklung, zur Richtungsweisung, als Referenzpunkt) des Servicelebenszyklus eingeführt. Als Achse des Lebenszyklus liefert Service Strategy die Anleitung zum Entwerfen, Entwickeln und Umsetzen des Service Management als strategisches Asset. Service Strategy ist entscheidend im Rahmen von allen Prozessen entlang des ITIL-Servicelebenszyklus.

Die Mission der Phase Service Strategy ist die Entwicklung der Kapazitäten, um einen strategischen Vorteil zu erreichen und beizubehalten.

Die Entwicklung und Anwendung der Service Strategy erfordert stetige Überprüfung, wie auch bei den anderen Phasen des Zyklus.

3.2 Grundlegende Konzepte

Um die Strategie zu formulieren, sind Mintzbergs vier P's ein guter Startpunkt (Mintzberg, 1994):

- *Perspektive* – Eine klare Vision und einen klaren Fokus haben.
- *Position* – Eine klar definierte Haltung einnehmen.
- *Plan* – Formulieren einer präzisen Ansicht, wie die Organisation sich selbst entwickeln sollte.
- *Pattern (Muster)* – Beständigkeit bei Entscheidungen und Aktionen aufrechterhalten.

Die *Wertschöpfung* ist eine Kombination der Effekte aus Utility
und Warranty. Beide sind wichtig für die Wertschöpfung beim
Kunden. Für Kunden ist der positive Effekt die „Utility" eines
Services, die Absicherung für diesen positiven Effekt ist die
„Warranty":

- *Utility – Zweckmäßigkeit*: Die Funktionalität, die von einem
  Produkt oder Service angeboten wird, um einem bestimmten
  Bedürfnis gerecht zu werden. „Utility" wird häufig auch
  bezeichnet als das „ was ein Produkt oder Service tut".
- *Warranty – Einsatzfähigkeit*: Die Zusicherung, dass ein
  Produkt oder Service den vereinbarten Anforderungen
  entspricht. Die Verfügbarkeit, Kapazität, Kontinuität
  und Informationssicherheit, die erforderlich ist, um den
  Anforderungen des Kunden gerecht zu werden.

Wertschöpfungsnetzwerke sind wie folgt definiert: „Ein
Wertschöpfungsnetzwerk ist ein Netz von Beziehungen,
das einen materiellen und immateriellen Wert durch einen
komplexen dynamischen Austausch zwischen mindestens zwei
Organisationen schafft."

Ressourcen und Fähigkeiten sind die *Service-Assets* eines
Service Providers. Organisationen nutzen diese Assets zur
Wertschöpfung in Form von Waren und Services.

- *Ressourcen* – Ressourcen umfassen die IT-Infrastruktur,
  Personen, Geld oder andere Elemente, die zur Erbringung
  eines IT-Service beitragen können. Ressourcen werden als
  Assets einer Organisation betrachtet.
- *Fähigkeiten* – Fähigkeiten werden zur Entwicklung,
  Implementierung und Koordinierung der Produktion genutzt.
  Service Provider müssen charakteristische Fähigkeiten
  entwickeln, um kontinuierlich Services erbringen zu können,

die von den Wettbewerbern nur unter Schwierigkeiten kopiert werden können. Service Provider müssen auch erheblich in Weiterbildung und Schulungen investieren.

Service Provider sind Organisationen, die einem oder mehreren internen Kunden oder externen Kunden Services zur Verfügung stellt. Es werden drei verschiedene Typen von Service Providern unterschieden:

- *Typ I: Interner Service Provider* – Ein interner Service Provider, der Teil eines Geschäftsbereichs ist. Innerhalb einer Organisation können mehrere Typ I Service Provider vorhanden sein.
- *Typ II: Shared Service Provider* – Ein interner Service Provider, der gemeinsam genutzte (Shared) IT-Services für mehr als einen Geschäftsbereich bereitstellt.
- *Typ III: Externer Service Provider* – Ein Service Provider, der IT-Services für externe Kunden bereitstellt.

Das *Serviceportfolio* repräsentiert die Möglichkeiten und Fertigkeiten eines Service Providers, den Kunden und den Marktraum zu bedienen. Das Serviceportfolio kann in drei Gruppen von Services unterteilt werden: *Servicekatalog, Service-Pipeline und stillgelegte Services*.

3.3   Prozesse und andere Aktivitäten

Dieser Abschnitt erläutert die Prozesse und Aktivitäten in der Service Strategy.

Die Service-Strategy-Prozesse:

- *Strategy Management for IT Services* – Der Prozess, der für die Entwicklung und Pflege von IT-Strategien aus der Sicht des Business verantwortlich ist. Er umfasst eine Spezifikation des zu erbringenden Servicetyps, der Servicekunden und der Geschäftsergebnisse insgesamt, die durch diese Services zu erzielen sind.

- *Service Portfolio Management (SPM)* – Methode, um alle Service Management Investitionen in Bezug auf Geschäftsnutzen zu verwalten. Das Ziel des SPM ist es, ein Maximum an Wertschöpfung zu erreichen, während gleichzeitig alle Risiken und Kosten beachtet werden.
- *Finanzmanagement* – Ein integrierter Bestandteil des Service Management. Es liefert wesentliche Managementinformationen aus finanzieller Sicht, die für die Gewährleistung einer effizienten und kosteneffektiven Servicelieferung benötigt werden
- *Demand Management* – Ein essentieller Aspekt des Service Management, in welchem Angebot und Nachfrage abgeglichen werden. Das Ziel des Demand Management ist es, so genau wie möglich, den Bedarf von Services vorauszusagen und, wo möglich, die Nachfrage mit den Ressourcen abzugleichen.
- *Business Relationship Management* – Der Prozess, der dafür verantwortlich ist, Services und Geschäftsbedürfnisse aufeinander abzustimmen. Er hilft, Kundenbedürfnisse zu identifizieren und zu verstehen und stellt sicher, dass der Service Provider in der Lage ist, die vom Business benötigten Services zu liefern.

3.4 Strategy Management for IT Services

Einführung

Das Strategy Management for IT Services ist der Prozess, der sicherstellt, dass die IT-Strategie in Abstimmung auf ihren

Zweck definiert, gemanagt und umgesetzt wird. Dies wird in der Geschäftsstrategie definiert.

Zweck der Servicestrategie ist die klare Aussage dazu, wie ein Service Provider einer Organisation helfen kann, ihre Geschäftsergebnisse zu erreichen. Die Strategie legt die Kriterien und Mechanismen fest, auf deren Grundlage entschieden wird, welche Services die Geschäftsergebnisse optimal unterstützen und wie diese Services am effektivsten und effizientesten gemanagt werden können.

Grundbegriffe

Durch Entwicklung und Pflege einer eindeutigen Servicestrategie kann eine Organisation klare Ziele festlegen und steuern, dass die Ziele erreicht werden. Die Strategie ist die Grundlage für alle taktischen Pläne, die wiederum den Servicebetrieb bestimmen. Mit einer vereinbarten Servicestrategie wird sichergestellt, dass alle beteiligten Parteien dasselbe Verständnis zur Ausrichtung, den Möglichkeiten und Entscheidungen zur Organisationsentwicklung haben.

Aktivitäten

Der Prozess des Strategy Management for IT Services analysiert die interne und externe Umgebung des Service Providers, um Chancen und Einschränkungen bei der Serviceerbringung zu identifizieren und zu managen. Er entwickelt eine klare Vision und Missionsaussage zur Position des Service Providers und zu den Entscheidungen in Bezug auf die zu liefernden Services. Die strategischen Pläne werden für alle relevanten Stakeholder dokumentiert und an diese kommuniziert. Darüber hinaus werden sie regelmäßig überprüft, um sicherzustellen, dass sie mit den Veränderungen in den internen und externen Umgebungen Schritt halten.

Nach Etablierung einer Strategie wird sichergestellt, dass diese
in taktische und operative Pläne für jede Organisationseinheit
übertragen wird, die die Organisation bei der Bereitstellung von
Services anwenden soll.

3.5   Service Portfolio Management

Einführung

Ein Serviceportfolio beschreibt die Services eines Providers
als Wert für das Business. Es ist eine dynamische Methode,
um Investitionen in Service Management über das gesamte
Unternehmen hinweg zu steuern. Mit Service Portfolio
Management (SPM), sind Manager in der Lage die
Qualitätsanforderungen und die begleitenden Kosten zu
bewerten.

Das Ziel des Service Portfolio Management ist es den größt-
möglichen Mehrwert aufzuzeigen und dabei die Risiken und
Kosten zu steuern.

Grundbegriffe

Da das Serviceportfolio die Grundlage des Entscheidungs-
Frameworks darstellt, hilft es folgende strategische Fragen zu
beantworten:
- Warum sollte ein Kunde diese Services kaufen?
- Warum sollte ein Kunde diese Services von uns kaufen?
- Wie ist das Preis- und Verrechnungsmodell?
- Was sind unsere Stärken und Schwächen, unsere Prioritäten
  und unsere Risiken?
- Wie sollten unsere Ressourcen und Fähigkeiten bereitgestellt
  werden?

Mit einem effizienten Portfolio, ausgestattet mit optimalen Return on Investment (Investitionsertrag, ROI) und Risiko-stufen, kann eine Organisation ihre Wertrealisierung, auch bei limitierten Ressourcen und Fähigkeiten, erhöhen.

Produktmanager spielen eine wichtige Rolle im Service Port-folio Management. Sie sind dafür verantwortlich Services über ihren gesamten Lebenszyklus wie Produkte zu steuern. Produktmanager koordinieren die Organisation und sind verantwortlich für den Servicekatalog. Sie arbeiten eng mit den Business-Relationship-Managern (BRMs) zusammen, die das Kundenportfolio koordinieren. SPM ist im Wesentlichen eine Governance-Methode.

Service Portfolio beinhaltet drei Unterservice:
- *Servicekatalog* – Der Teil des Serviceportfolios der für den Kunden sichtbar ist. Der Servicekatalog ist ein wichtiges Strategie-Tool, da er einen fundierten Ausblick über die aktuellen und verfügbaren Fähigkeiten eines Service Providers geben kann.
- *Service-Pipeline* – Besteht aus allen Services, die entweder in Betracht kommen oder für einen bestimmten Markt oder Kunden entwickelt werden. Diese Services werden via Service Transition in die Betriebsumgebung überführt. Die Pipeline repräsentiert das Wachstum und die strategische Erwartung für die Zukunft.
- *Stillgelegte Services* – Services die ausgelaufen sind oder stillgelegt werden. Das Ausmustern von Services ist eine Komponente der Service Transition und ist notwendig, um alle Vereinbarungen mit dem Kunden einzuhalten.

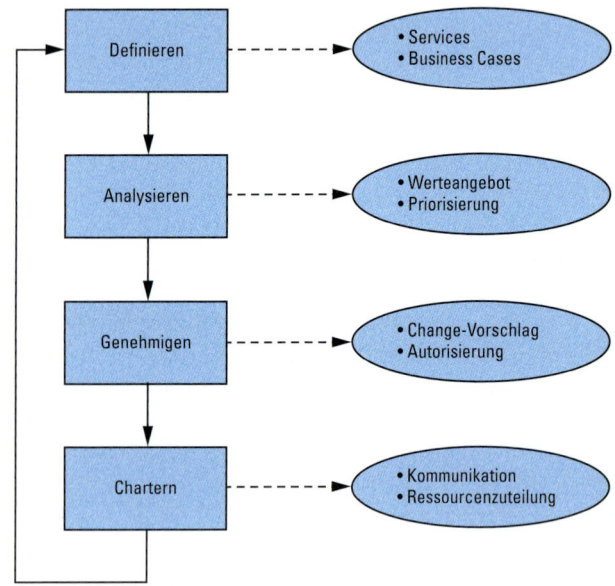

Abbildung 3.1 Service Portfolio Management
Quelle: the Cabinet Office

Aktivitäten

SPM ist ein dynamischer und wiederkehrender Prozess der
folgende Aktivitäten enthält (siehe auch Abbildung 3.1):

- *Definieren* – Erstellen einer Serviceinventarliste, von
  Business Cases sowie Validierung der Portfoliodaten; man
  beginnt mit dem Sammeln von Informationen von allen
  bestehenden und geplanten Services, um die Kosten für das
  bestehende Portfolio zu bestimmen; das zyklische Prinzip
  des SPM Prozesses besagt, dass in dieser Phase nicht nur die
  Serviceinventarlisten erstellt werden, sondern, dass diese
  Daten immer wieder überprüft werden; jeder Service im
  Portfolio sollte einem Business Case zugeordnet sein.

- *Analysieren* – Erhöhen des Portfoliowertes, Tuning, Priorisierung und Ausgleich zwischen Angebot und Nachfrage; in dieser Phase werden den strategischen Zielen konkrete Umsetzungsziele zugeordnet. Man beginnt mit einer Reihe Top-Down-Fragen wie: Was sind die langfristigen Ziele der Serviceorganisation? Welche Services sind erforderlich, um diese Ziele zu erreichen? Welche Fähigkeiten und Ressourcen sind notwendig, um diese Services zu liefern? Die Antworten sind die Grundlage der Analyse, bestimmen aber auch das gewünschte Ergebnis von SPM. Service Investitionen werden in drei strategische Unterbereiche aufgeteilt:
  - *Run the Business* – RTB-Investitionen konzentrieren sich auf die Erhaltung des Servicebetriebes.
  - *Grow the Business* – GTB-Investitionen sind geeignet den Serviceumfang zu erweitern.
  - *Transform the Business* – TTB-Investitionen sind dazu gedacht in neue Märkte zu expandieren.
- *Genehmigen* – Vorgeschlagenes Portfolio fertig stellen, Services und Ressourcen genehmigen und Vorschläge für die Zukunft machen. Man unterscheidet sechs verschiedene Ergebnisse: Behalten, Ersetzen, Rationalisieren, Über-arbeiten, Erneuern und Stilllegen.
- *Chartern* – Entscheidungen kommunizieren, Ressourcen und Services bereitstellen. Man beginnt mit einer Ent-scheidungsliste und den durchzuführenden Aktionen, die der Organisation klar und eindeutig kommuniziert werden. Entscheidungen müssen mit Budgetentscheidungen und Finanzplänen abgestimmt werden. Neue Services gehen in die Service-Design-Phase und bestehende Services werden im Servicekatalog erneuert.

3.6   Financial Management for IT Services

Einführung

Financial Management for IT Services ist der Prozess, der für das Management der Anforderungen an die Finanzplanung, die Kostenrechnung und die Leistungsverrechnung eines IT Service Providers verantwortlich ist. Darüber hinaus wird damit der Prozess zur Quantifizierung des Mehrwerts bezeichnet, den IT-Services für die Kunden generieren.

Das Finanzmanagement ist eine integrierte Komponente von Service Management. Es stellt grundlegende Informationen zur Verfügung, die das Management braucht, um eine effiziente und kosteneffektive Service Delivery garantieren zu können. Bei richtiger Durchführung liefert das Finanzmanagement aussagekräftige und kritische Leistungsdaten. Es kann auch wichtige organisatorische Fragen beantworten, wie:

- Hat unsere Differenzierungsstrategie höhere Profite und Erträge, reduzierte Kosten oder einen höheren Deckungsbeitrag zur Folge?
- Welche Services kosten was und warum?
- Wo gibt es die größte Unwirtschaftlichkeit?

Das Finanzmanagement stellt sicher, dass die Kosten für IT-Services im Servicekatalog transparent abgebildet sind und dass das Business sie versteht. Der Nutzen ist:

- Verbesserte Entscheidungsfindung
- Input für Service Portfolio Management
- Finanzielle Compliance und Kontrolle
- Betriebssteuerung
- Werterhaltung und Wertschöpfung

Grundbegriffe

Eine Organisation muss entscheiden, wie sie die IT-Abteilung in Bezug auf das Finanzmanagement positionieren möchte: Soll die IT als Profit Center oder Cost Center geführt werden?

- *Cost Centre* – IT ist als Abteilung positioniert, der Kosten zugewiesen werden, sie verrechnet allerdings keine Kosten für die bereitgestellten Services. Sie soll aus Sicht des Business die Verantwortung für die Ausgaben des zugewiesenen Budgets und das ausgegebene Geld übernehmen. Kostenbewusstsein kann ohne die Gemeinkosten der Rechnungsstellung simuliert werden, der Spielraum der Organisation, die IT-Abteilung in finanzieller Hinsicht zu managen, ist allerdings eingeschränkt.

- *Profit Centre* – Die IT ist als Abteilung positioniert, die die Services verrechnet, die für die übrige Organisation bereitgestellt werden. Als Profit Center steuert die IT unabhängiger ihre finanzielle Assets und Aktivitäten. Die Leistungsverrechnung mit anderen Abteilungen kann Kostenbewusstsein fördern, da der Wert, den die IT für die übrigen Organisationseinheiten liefert, dargestellt wird und deutlich zu erkennen ist.

Das Finanzmanagement muss in jedem Fall auch die Finanzierung der IT-Abteilung definieren, Sourcing-Entscheidungen treffen und finanzielle Mittel für die Ausgaben der Abteilung festlegen. Die Finanzierung kann aus externen oder internen Mitteln stammen:

- *Externe Finanzierung* – Aus Erlösen, die mit dem Verkauf von Services an externe Kunden erzielt werden.
- *Interne Finanzierung* – Aus anderen Geschäftsbereichen innerhalb derselben Organisation.

Mit Hilfe von Finanzierungsmodellen können die Art und Weise sowie der Zeitpunkt der Finanzierung eines Service Providers definiert werden:

- *Rolling-Plan-Finanzierung* – Bei dieser Finanzplanung handelt es sich um einen Plan für eine festgelegte Anzahl von Zyklen (Monaten, Jahren). Am Ende des ersten Zyklus wird der Plan um einen weiteren Zyklus verlängert. Die Finanzierungsanforderungen können für jeden Zyklus angepasst werden. Wird häufig für Projekte eingesetzt.

- *Anstoßbasierte Finanzierung* – Bei diesem Modell wird ein Plan initiiert und die Finanzierung beim Eintreten einer bestimmten Situation oder eines Ereignisses bereitgestellt. Der Anstoß kann ein Change, eine Kapazitätsanforderung oder eine andere Ad-hoc-Situation sein.

- *Zero-Based-Finanzierung* – Für die meisten internen Service Provider wird dieses Modell verwendet, da damit ein Break-Even der IT sichergestellt wird. Bei diesem Modell kann die IT Ausgaben bis zum vereinbarten Budgetbetrag tätigen. Falls die Ausgaben diesen Betrag übersteigen, ist eine besondere Genehmigung erforderlich. Am Ende der Finanzperiode (monatlich, vierteljährlich oder jährlich) werden die Kosten über Kostentransfers durch andere Geschäftsbereiche gedeckt. Das bedeutet, nur die Ist-Kosten für die Bereitstellung der IT-Services werden finanziert.

Aktivitäten

Das Finanzmanagement beinhaltet im Wesentlichen drei Prozesse:

- *Finanzplanung* – Die Aktivitäten, bei denen die Ist-Kosten und Einnahmen aus der Bereitstellung von IT-Services identifiziert, mit den budgetierten Kosten verglichen und Abweichungen vom Budget gemanagt werden. Die

Finanzplanung erstellt ein klares Bild von den Einnahmen und Ausgaben in der Organisation. Budgets sind verhandelbar und werden für einen wiederkehrenden Zeitraum erstellt. Darüber hinaus werden sie kontinuierlich überwacht.

- *Kostenrechnung* – Die Aktivitäten, bei denen die Ist-Kosten aus der Bereitstellung von IT-Services identifiziert, mit den budgetierten Kosten verglichen und Abweichungen vom Budget gemanagt werden. Sie basiert auf einer angemessenen Verwaltung von Kosten und Ausgaben und erfordert besondere buchhalterische Kompetenzen.
- *Leistungsverrechnung* – Die Aktivitäten, die sich mit der Zahlung für IT-Services befassen. Für IT-Services ist eine Leistungsverrechnung optional, und viele Organisationen führen ihren IT Service Provider als Cost Center. Die Leistungsverrechnung beinhaltet auch die Rechnungsstellung.

Finanzplanung ist die Aktivität, bei der die Ausgabe von Geldmitteln basierend auf den voraussichtlichen Kosten und geplanter Arbeitsauslastung prognostiziert und gesteuert wird. Die Finanzplanung umfasst einen periodischen Verhandlungszyklus, um zukünftige Budgets festzulegen (in der Regel jährlich) sowie das routinemäßige Monitoring und eine Anpassung des aktuellen Budgets. Dies wird von allen Managern durchgeführt, die in irgendeiner Form für Ausgaben oder Einnahmen verantwortlich sind. Da jeder Manager seinen Teil der Organisation am besten kennt, definiert jeder seine eigenen Pläne und die Budgets zur Ausführung dieser Pläne.

Die **Kostenrechnung** kann durch *Kostenmodelle* unterstützt werden: Frameworks, mit denen der Service Provider die Kosten für die Bereitstellung von Services bestimmen und zuweisen kann. Kostenmodelle ermöglichen ein Verständnis darüber, wie

Geldmittel ausgegeben werden und wie sich Veränderungen und Trends auf die Kosten von Services auswirken:

- *Kosten nach IT-Organisation* – Wenn der Service Provider über mehrere IT-Organisationen verfügt, kann jeder dieser Bereiche seine eigenen Kosten verrechnen und an eine zentrale Einheit berichten, in der die Kosten den unterschiedlichen Geschäftsbereichen zugewiesen werden.
- *Kosten nach Service* – Häufig von professionellen externen Service Providern genutzt, die im freien Markt tätig sind. Die Kunden können über die Kosten oder den Preis für einen bestimmten Service informiert werden.
- *Kosten nach Kunde* – Wird nur selten für sich allein verwendet, da es eine Offenlegung der Ist-Kosten für die einzelnen Komponenten beim Service Provider gegenüber dem Kunden vorsieht. Wird jedoch häufig effektiv für die Bereitstellung von Desktop-Geräten und -Support sowie für die Lizenzierung von Software für die jeweilige Anwenderproduktivität eingesetzt.
- *Kosten nach Standort* – Wird ebenfalls nur selten für sich allein verwendet, da es eine Offenlegung der Ist-Kosten der Komponenten beim Service Provider gegenüber einer Gruppe von Kunden an einem bestimmten Standort vorsieht.

Die meisten Kostenmodelle sind *Hybrid-Kostenmodelle*, die sich aus mehreren verschiedenen Arten von Kostenmodellen für verschiedene Zwecke und Situationen zusammensetzen.

Es sollte auch eine Zuweisung der Kosten erfolgen, die nicht einfach in Verbindung mit Services gebracht werden können, Gemeinkosten, wie die Kosten des CIO und der allgemeinen IT-Abteilung. In den Richtlinien des

Unternehmensfinanzmanagements wird festgelegt, wie mit diesen *nicht zugewiesenen Kosten* verfahren wird.

Ein *Cost Center* bezeichnet alle Einheiten, denen Kosten zugewiesen werden können, z. B. einen Service, einen Standort, eine Abteilung, einen Geschäftsbereich usw. Dieses Cost Center kann die Grundlage für eine Leistungsverrechnungsrichtlinie oder eine Rechnungsstellungsmethode werden. Mit Cost Centern wird ermittelt, bei welchen Kosten es sich um direkte bzw. indirekte Kosten handelt. Sie bieten außerdem logische Kategorien für die Zuweisung von Kosten und die Erstellung entsprechender Berichte, damit sie allgemein verständlich sind und von einer großen Gruppe beeinflusst werden können.

Eine *Kosteneinheit* ist die unterste Kategorie, der Kosten zugewiesen werden können. Kosteneinheiten sind in der Regel Dinge, die einfach gemessen und auf eine für Kunden verständliche Weise kommuniziert werden können.

In der Kostenrechnung werden Ausgaben über unterschiedliche Kategorien erfasst. Diese sollten relevant für den bereitgestellten Servicetyp und die zur Bereitstellung verwendeten Ressourcen sein. Kategorien sollten die Praxis, die Verfahren und die Kultur der Organisation widerspiegeln. Kosten können hauptsächlich als Kostenarten und Kostenelemente definiert werden:

- *Kostenarten* – Die höchste Kategorieebene, auf der eine Zuweisung von Kosten bei der Finanzplanung und Kostenrechnung erfolgt. Beispiele für Kostenarten sind Hardware, Software, Mitarbeiter, Beratungsservices und Einrichtungen.
- *Kostenelemente* – Unterkategorien von Kostenarten, z. B. die Kostenart „Mitarbeiter" könnte die Kostenelemente Gehalt,

Sonderleistungen, Ausgaben, Schulung, Überstunden etc. umfassen.

Kosten können wie folgt klassifiziert werden:

- *Investitions- oder Betriebskosten* – Investitionskosten oder Investitionsausgaben (Capital Expenditure, Capex) sind die Kosten für den Einkauf eines Artikels, der als finanzielles Asset eingesetzt wird, wie beispielsweise Computerausrüstung oder Gebäude. Betriebskosten oder Betriebsausgaben (Operational Expenditure, OPEX) sind die Kosten, die sich aus der Ausführung von IT-Services ergeben. Häufig handelt es sich dabei um regelmäßige Zahlungen, beispielsweise Personalkosten, Kosten für die Wartung der Hardware oder für den Stromverbrauch.
- *Direkte oder indirekte Kosten* – Direkte Kosten können in voller Höhe einem bestimmten Kunden, Service, Cost Center, Projekt etc. zugewiesen werden (z. B. die Kosten für die Bereitstellung von speziell für einen Zweck eingesetzten Servern oder PCs). Für indirekte Kosten kann keine Zuweisung in voller Höhe erfolgen. Sie werden manchmal als Gemeinkosten bezeichnet und mithilfe einer separaten Aufschlagsberechnung zugewiesen.
- *Fixkosten oder variable Kosten* – Fixkosten sind Kosten, die beim Einsatz eines IT-Service nicht variieren, z. B. die Kosten für Serverhardware. Variable Kosten sind von Anzahl und Art der Anwender, davon, wie häufig ein IT Service genutzt wird oder wie viele Produkte produziert werden, sowie von anderen Faktoren abhängig, die nicht im Voraus festgelegt werden können.

Methoden für die Zuweisung indirekter Kosten:

- *Aktivitätsbasierte Kostenzuweisung* – Genaue, aber teure und komplexe Methode, bei der alle beteiligten Aktivitäten bestimmt, gemessen, berechnet und einem Cost Center zugewiesen werden.
- *Nutzungsbasierte Zuweisung* – Kosten werden basierend auf ihrer relativen Nutzung durch ein Cost Center zugewiesen.
- *Vereinbarte Zuweisungsbasis* – Auch wenn keine eindeutige Zuweisungsmethode vorhanden ist, kann der Service Provider mit dem Business vereinbaren, wie die Zuweisung der Kosten vorgenommen werden soll. Diese Methode erfordert einfache Messmethoden, die vom Business als gerecht empfunden werden. Dies könnte die Anzahl der Anwender, die Anzahl der PCs oder eine andere Messgröße sein.
- *Indirekter Kostensatz* – Unabhängig von der verwendeten Kostenzuweisungsmethode gibt es immer Kosten, die nicht ohne Weiteres zugewiesen werden können. Mit der Methode des indirekten Kostensatzes wird ein einheitlicher Satz für die Zuweisung dieser Kosten festgelegt.

Anlagegüter behalten ihren Wert nicht auf unbegrenzte Zeit bei. Die Wertminderung eines Assets im Laufe seiner Lebensdauer wird als *Abschreibung* bezeichnet. Die Wertminderung basiert auf der Abnutzung, dem Verbrauch oder einer anderen Minderung des nutzbaren wirtschaftlichen Werts.

Die Kostenrechnung sollte *Aktionspläne* berücksichtigen, um Maßnahmen bei größeren Abweichungen von den vereinbarten finanziellen Zielen treffen zu können. Diese Aktionspläne sind in der Regel kurzfristiger Natur und sollen die Organisation innerhalb eines Monats oder Quartals zurück auf den ursprünglich geplanten Weg bringen. Eine weitere Möglichkeit wäre, die Stakeholder dazu zu bringen, die ursprünglichen Pläne und Ziele zu ändern. Das Berichten einer Budgetabweichung schafft zwar Aufmerksamkeit, bewirkt abgesehen davon allerdings nicht viel. Eine Budgetabweichung mit einem zugehörigen Aktionsplan ist dagegen ein leistungsstarkes Managementhilfsmittel.

Die **Leistungsverrechnung** ist die Aktivität, bei der die Bezahlung der bereitgestellten Services erforderlich wird. Für interne Service Provider ist die Leistungsverrechnung optional. Wenn interne IT Service Provider als Cost Center geführt werden, verrechnen sie in der Regel keine Leistungen für ihre Kunden. Die Kostendeckung erfolgt dann über ein „Ausgleichssystem" über die zentrale Finanzfunktion der Organisation. Externe Service Provider verrechnen im Rahmen ihres Geschäftsbetriebs immer ihre Services.

Die Leistungsverrechnung kann Vorteile bringen, da die Kunden Kontrolle über ihre IT-Ausgaben haben und das Business genauere Informationen zu den Finanzen erhält. Durch die Leistungsverrechnung wird ein *Kostenbewusstsein* sowie eine bessere, oder andere Nutzung von IT-Services gefördert, um Geschäftsergebnisse mit optimalen Kosten zu erreichen. Die Leistungsverrechnung kann auch komplex und bürokratisch sein, wenn teure Tools eingesetzt werden. Eine erfolgreiche Leistungsverrechnung muss einfach, fair und realistisch sein. Wenn eine Leistungsverrechnung zur Kostendeckung eingesetzt werden soll, müssen bestimmte Ebenen für die Kostendeckung definiert werden:

* *Kostendeckung oder Break-Even* – Die IT strebt nur eine Deckung ihrer Kosten an und macht keine Gewinne oder Verluste.

- *Kostendeckung mit zusätzlicher Marge* – Die IT strebt mehr Einnahmen als anfallende Kosten an. Ein interner IT Service Provider sollte die Marge sorgfältig verplanen, etwa als finanzielle Reserve für Innovationen oder Erneuerungen.
- *Quersubventionierung* – Ein Teil der Services wird mit einer zusätzlichen Marge verrechnet, die anschließend als Ausgleich für Kosten anderer Services genutzt wird.
- *Fiktive Leistungsverrechnung* – Diese beinhaltet eigentlich nur Finanzberichte, um ein Bewusstsein für die Kosten zu schaffen. Mit der fiktiven Leistungsverrechnung wird der interne Kunde lediglich über die Kosten informiert, so als ob er dafür tatsächlich zu zahlen hätte. Es erfolgt jedoch keine eigentliche Bezahlung.

Für eine Leistungsverrechnung sollte stets bewusst eine der Richtlinien angewendet werden, mit der die Auswirkungen der Leistungsverrechnung auf das Verhalten überwacht werden können. Darüber hinaus sollte das Leistungsverrechnungssystem daraufhin angepasst werden, dass jede Situation abgedeckt wird.

Die *Preisgestaltung* ist die Aktivität, bei der ermittelt wird, wie viel dem Kunden verrechnet wird. Es können Preisgestaltungsstrategien definiert werden, um das Kundenverhalten zu beeinflussen. Dazu gehören:
- *Kosten* – Diese Option basiert auf einem Break-Even- oder Kostendeckungsmodell. Der Preis der Verrechnungseinheit entspricht möglichst genau den Ist-Kosten der Kosteneinheiten.
- *Kosten plus* – Die einfachste Formel ist: Preis = Kosten + x % Preisspanne
- *Handelsüblicher Preis* – Der Preis ist vergleichbar mit dem ähnlicher Service Provider in ähnlichen Organisationen.

- *Marktpreis* – Der Preis ist derselbe Preis, der von externen Suppliern erhoben wird.
- *Fixpreis* – Die IT-Organisation setzt einen Preis fest, der auf der Aushandlung mit dem Kunden basiert und der einen Zeitraum und einen prognostizierten Verbrauch abdeckt.
- *Abgestuftes Abonnement* – Hier wird der Servicepreis anhand der gewählten Service-Package-Option bestimmt.
- *Differenzierte Leistungsverrechnung* – Bestimmte Nutzungsmuster können von einer Organisation belohnt werden, indem unterschiedlicher Kosten für unterschiedliche Auslastungen für die dieselben oder ähnliche Services angesetzt werden.

Bei der Implementierung einer Leistungsverrechnung ist der letzte Schritt die Rechnungsstellung. Die *Rechnungsstellung* beinhaltet die Erstellung und Vorlage einer Rechnung für die Services an einen Kunden. Es gibt vor allem drei Möglichkeiten für die Rechnungsstellung:

- *Keine Rechnungsstellung* – Interne Service Provider erstellen keinerlei Rechnung, solange die Kosten anderen Geschäftsbereichen zugewiesen werden können. Externe Service Provider müssen Rechnungen ausstellen, um eine Zahlung zu erhalten.
- *Rechnungsstellung zu Informationszwecken (fiktive Leistungsverrechnung)* – Kann von internen Service Providern als Teil der fiktiven Leistungsverrechnungsrichtlinie eingesetzt werden. Der Service Provider erstellt eine Rechnung, ohne Außenstände tatsächlich auch einzufordern.
- *Rechnungsstellung und Einforderung von Außenständen (reale Leistungsverrechnung)* – Wird von einem externen Service Provider eingesetzt. Kann auch von einem internen

Service Provider für interne Transferleistungen verwendet werden (interner Kunde), dies erfordert allerdings komplexere Finanzsysteme.

3.7 Demand Management

Einführung

Das Demand Management ist ein wichtiger Aspekt des Service Management. Demand Management ist der Prozess, der den Kundenbedarf an Services und die Bereitstellung von Kapazität zur Erfüllung dieses Bedarfs klärt, prognostiziert und beeinflusst.

Service Management muss sich zusätzlich dem Problem stellen, dass Produktion und Verbrauch parallel zueinander erfolgen. Service Operation ist unmöglich ohne Nachfrage nach konsumierbaren Produkten. Es ist ein Pull-System, indem Verbrauchszyklen die Produktionszyklen fördern (Abbildung 3.2).

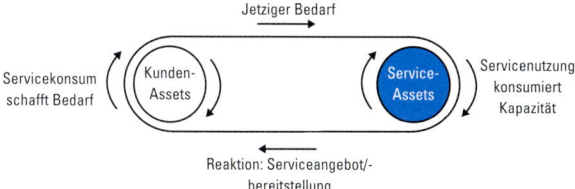

Abbildung 3.2 Enge Beziehung zwischen Bedarf und Kapazität
Quelle: the Cabinet Office

Es ist nicht möglich den Service Output zu speichern bis die Nachfrage erfolgt. Die Produktionskapazität die für einen Service zur Verfügung gestellt werden kann, beruht demnach auf Nachfrageprognosen und Mustern.

Es ist extrem wichtig das Business des Kunden zu kennen und daraus Muster zu identifizieren, analysieren und aufzuzeichnen. Dies schafft eine ausreichende Basis für Capacity Management.

Grundbegriffe

Beim Demand Management werden Angebot und Nachfrage proaktiv aufeinander abgestimmt. Es betrachtet das erwartete künftige Verhalten der Kunden und die Kapazität des Service Providers und versucht, diese optimal aufeinander abzustimmen. Dafür ist ein gutes Verständnis der Business-Aktivitätsmuster (Patterns of Business Activity, PBAs) des Kunden erforderlich. Demand Management ist im gesamten Lebenszyklus aktiv.

Das Demand Management identifiziert und analysiert Business-Aktivitätsmuster (PBAs), um den Level an Bedarf und Nachfrage für die einzelnen Services nachzuvollziehen *Aktivitätsbasiertes Demand Management:* Business-Prozesse sind die wichtigste Quelle für den Servicebedarf. PBAs wirken sich auf Bedarfsmuster aus.

Das Demand Management definiert und analysiert Anwenderprofile (User Profiles, UPs), um die typischen Profile für Servicebedarf verschiedener Anwendertypen zu erkennen.

Das Demand Management ist in der Regel ein proaktiver Prozess, der eng mit dem Capacity Management zusammen- arbeitet, um sicherzustellen, dass ein Ausgleich zwischen dem Bedarf des Business und der Kapazität des Providers zu den niedrigst möglichen Kosten besteht.

Ein *Service Package* ist eine Zusammenstellung von zwei oder mehr Services, die kombiniert werden, um eine Lösung für ein bestimmtes Kundenbedürfnis anzubieten oder um ein bestimmtes Geschäftsergebnis zu unterstützen. Ein Service Package kann aus einer Kombination von Core Services, unterstützenden Services und erweiternden Services bestehen

Core Services stellen die grundlegenden vom Kunden gewünschten Ergebnisse bereit. Sie stellen den Wert dar, den der Kunde fordert und für den der Kunde zu zahlen bereit ist. Core Services stellen die Basis für das Werteangebot an den Kunden dar. Für den Kunden können zusätzliche Services sichtbar sein oder nicht, die dieses Werteangebot ermöglichen (*unterstützende Services* oder Basisfaktoren) oder verbessern (*erweiternde Services* oder Begeisterungsfaktoren).

Aktivitäten

Die Bündelung von Core Services, unterstützenden und erweiternden Services ist ein wichtiger Aspekt einer Marktstrategie. Service Provider die bestehenden Bedingungen in ihrer Business-Umgebung, die Bedürfnisse der bedienten Kundensegmente oder Kundentypen sowie die für Kunden verfügbaren Alternativen sorgfältig analysieren. Dies sind strategische Entscheidungen – sie bilden eine langfristige Vision heraus, mit der die Organisation auch dann einen nachhaltigen Wert für den Kunden schafft, wenn sich die Methoden, Standards, Technologien und Vorschriften ändern. Die Bündelung von unterstützenden Services und Core Services hat Auswirkungen auf die Phase Service Operation und stellt Herausforderungen für die Phasen Service Design, Transition und (Continual Service Improvement) dar.

Service Provider müssen sich auf die effektive Generierung von Mehrwert über Core Services konzentrieren, während sie zugleich auch unterstützende Services berücksichtigen müssen. Untersuchungen haben gezeigt, dass Kunden häufig mit den unterstützenden Services unzufrieden sind. Einige unterstützende Services, wie der Helpdesk oder Technical Support, sind häufig kombiniert, können aber auch getrennt angeboten werden. Für die strategische Planung und strategische Reviews dieser Planung muss eine solche Entscheidung sorgfältig abgewogen werden. Diese strategischen Entscheidungen haben große Auswirkungen auf den Erfolg des Service Providers auf Portfolioebene. Sie sind vor allem für Service Provider wichtig, die mehrere Organisationen oder Geschäftsbereiche (Business Units, BUs) bedienen und zugleich gezwungen sind, Kosten zu senken, um die Wettbewerbsfähigkeit ihres Portfolios zu sichern.

Business-Prozesse sind die wichtigsten Inputs für das Demand Management. Business-Aktivitätsmuster (PBAs) beeinflussen Bedarfsprognosen und -muster. Die Analyse von PBAs im Demand Management kann Inputs für andere Service-Management-Prozesse liefern, wie:

- *Service Design* – Damit das Design auf die Bedarfsmuster abgestimmt ist.
- *Service Catalogue Management* – Damit adäquate Services verfügbar sind.
- *Service Portfolio Management* – Damit Investitionen in zusätzliche Kapazität, neue Services, Änderungen an Services genehmigt werden.
- *Financial Management for IT Services* – Damit geeignete Anreize zur Beeinflussung des Bedarfs genehmigt werden.

3.8   Business Relationship Management

Einführung

Business Relationship Management ist der Prozess, der die Verknüpfungen zwischen dem Service Provider und dem Kunden auf strategischer und taktischer Ebene managt, um sicherzustellen, dass der Service Provider die Anforderungen des Kunden-Business versteht und Services bereitstellen kann, die diesen Anforderungen gerecht werden.

Grundbegriffe

Das Business Relationship Management verfolgt das Ziel, eine Geschäftsbeziehung zwischen dem Service Provider und dem Kunden herzustellen und zu pflegen. Dafür sollte der Service Provider über ein Verständnis des Kunden und seinen geschäftlichen Bedürfnissen verfügen.

Business Relationship Management identifiziert die sich ständig ändernden Kundenbedürfnisse und stellt sicher, dass der Service Provider in der Lage ist, diese zu erfüllen. Das Business Relationship Management managt auch die Kundenerwartungen. Die wichtigste Messgröße dafür, ob das Business Relationship Management seinem Zweck gerecht wird, ist die Kundenzufriedenheit.

Aktivitäten

Der Business Relationship Manager (BRM) stellt sicher, dass der Service Provider die Kundenperspektive des Service versteht, und daher in der Lage ist, seine Services und Service-Assets entsprechend zu priorisieren Zentraler Aspekt dieses Prozesses ist das Management der Beziehung zum Kunden. Zu diesem Zweck muss der Provider das Kunden-Business verstehen.

Darüber hinaus sollte er über alle relevanten Änderungen am
Kunden-Business Bescheid wissen.
Der Prozess ist nicht nur reaktiv. Er überwacht auch Trends in
der Technologieumgebung, um neue Chancen für das Kunden-
Business zu ermitteln.
Beim Abstimmen des Service auf die Kundenbedürfnisse
unterstützt der Business-Relationship-Management-Prozess die
Bestimmung von Geschäftsanforderungen für neue oder sich
ändernde Services.
Das Management von Beziehungen umfasst auch die Moderation
von Konflikten und das regelmäßige Management von
Beschwerden, neuen Chancen, Requests und Lob des Kunden.

Business Relationship Management wird entweder vom Kunden
angestoßen oder von den Service-Management-Prozessen. Dies
kann alles einschließen, was die Kundenbeziehung beeinflusst
und Anforderungen, Requests, Beschwerden, Eskalationen
oder Lob des Kunden umfassen. Der Prozess nutzt die Service
Strategy und das Serviceportfolio sowie SLAs.

3.9   Governance

Governance definiert die gemeinsame Richtung sowie
gemeinsame Richtlinien und Regeln, die sowohl Business als
auch IT für ihre Geschäftsabläufe nutzen. Sie wird in der Regel
durch eine Kombination von Strategien, Richtlinien und Plänen
ausgedrückt. Diese werden über drei Hauptaktivitäten erstellt:

*   *Evaluieren* – Dabei geht es um die fortlaufende Bewertung
    der Leistung und der Umgebung der Organisation.
*   *Anleiten* – Kommunizieren der Strategie, Richtlinien und
    Pläne, um durch ein Management sicherzustellen, dass alle
    Managementmitarbeiter entsprechende Leitlinien erhalten,
    um die Governance-Vorgaben einhalten zu können.

- *Überwachen* – Hier werden die Ergebnisse der Organisation gegenüber den ursprünglichen Vorgaben überprüft, um die Compliance mit Goverance-Bestimmungen zu ermitteln. Gegebenenfalls werden entsprechende Maßnahmen ergriffen.

Zwischen Governance und Management bestehen grundlegende Unterschiede. Governance erfolgt durch Maßnahmen, die die Organisation in Bezug auf die Festlegung von Strategie, Richtlinien und Plänen evaluieren, anleiten und steuern. Management erfolgt durch Führungskräfte und deren Mitarbeiter, die die Aktivitäten der Organisation gemäß der Strategie, Richtlinien und Pläne ausführen: Sie setzen die Ziele der Organisation um.

Governance kann durch ein Framework wie ISO/IEC 38500 unterstützt werden, das eine strukturierte Sammlung an Leitlinien und Dokumenten umfasst, die die Strategie, Richtlinien und Pläne der Organisation klar formulieren. Management kann durch ein Service Management System (SMS) unterstützt werden, um Service-Management-Aktivitäten anzuleiten und zu steuern.

3.10 Organisation

Innerhalb der Zentralisierung und Dezentralisierung haben sich in der organisatorischen Entwicklung fünf Phasen herausgebildet:

1. *Phase 1: Netzwerk* – Eine Organisation in Phase 1 konzentriert sich auf die schnelle, informelle und kurz-fristigen Bereitstellung von Services. Die Organisation ist technologieorientiert und verfolgt kaum formale Strukturen.
2. *Phase 2: Straffe Führung* – In Phase 2 wird die informelle Struktur von Phase 1 in eine hierarchische Struktur mit

einem starken Managementteam überführt. Dies zeichnen verantwortlich für die Anleitung der Strategie und Führung der Manager bei der Umsetzung ihrer funktionalen Verantwortlichkeiten.

3. *Phase 3: Delegation* – In Phase 3 werden Anstrengungen unternommen, um die technische Effizienz zu erhöhen und Raum für Innovationen zu schaffen, um Kosten zu senken und Services zu verbessern.

4. *Phase 4: Koordination* – In Phase 4 liegt der Schwerpunkt auf dem Einsatz formaler Systeme, um eine bessere Koordination zu erreichen.

5. *Phase 5: Zusammenarbeit* – In Phase 5 liegt der Schwerpunkt auf der Verbesserung der Zusammenarbeit mit dem Business.

Ziel der Service Strategy Phase ist die Verbesserung der Kernkompetenzen. Es ist manchmal effizienter, bestimmte Services extern auszulagern (Outsourcing). Dies wird als SoC-Prinzip (Separation of Concerns, SoC) bezeichnet. Dieses Prinzip ergibt sich aus dem Versuch, sich von der Konkurrenz abzugrenzen, indem Ressourcen und Fähigkeiten neu eingesetzt werden.

Folgende allgemeine Formen von Outsourcing können unterschieden werden:

- *Internes Outsourcing*:
  - *Typ 1: Intern* – Bereitstellung und Lieferung von Services durch interne Mitarbeiter. Bietet die besten Kontrollmöglichkeiten, Skalierungsmöglichkeiten sind allerdings begrenzt.
  - *Typ 2: Shared Services* – Zusammenarbeit mit internen Geschäftsbereichen. Bietet niedrigere Kosten als Typ 1 und mehr Standardisierung, Skalierungsmöglichkeiten sind jedoch ebenfalls begrenzt.

- *Traditionelles Outsourcing*:
  - *Vollständiges Outsourcing eines Service* – Ein einziger Vertrag mit einem Service Provider. Besser in Bezug auf Skalierungsmöglichkeiten, jedoch Einschränkungen beim Einsatz branchenführender Fähigkeiten.
- *Sourcing über mehrere Anbieter:*
  - *Premium* – Ein einziger Vertrag mit einem Service Provider, der mit mehreren Providern zusammenarbeitet. Verbesserte Fähigkeiten und geringeres Risiko, aber erhöhte Komplexität.
  - *Konsortium* – Eine Auswahl mehrerer Service Provider. Der Vorteil besteht in der Ausnutzung branchenführender Fähigkeiten mit mehr Transparenz, Nachteil ist das Risiko, mit Wettbewerbern zusammenarbeiten zu müssen.
  - *Selektives Outsourcing* – Ein Pool von Service Providern, der vom Serviceempfänger ausgewählt und gemanagt wird. Diese Struktur ist am schwierigsten zu managen.
  - *Co-Sourcing* – Eine Variation des selektiven Outsourcings, bei der der Serviceempfänger eine Struktur interner oder Shared Services mit externen Providern kombiniert. Hier ist der Serviceempfänger der Serviceintegrator.

3.11 Methoden, Techniken und Tools

Services sind sozio-technische Systeme mit Service-Assets als operative Elemente. Die Effektivität der Service Strategy hängt von einer gut gemanagten Beziehung zwischen den sozialen und technischen Subsystemen ab. Diese Abhängigkeiten und Beeinflussungen müssen identifiziert und gemanagt werden.

Hilfsmittel in der Service Strategy können sein:

- *Simulation* – Die Systemdynamik ist eine Methodik zur Nachvollziehbarkeit und zur Behandlung von komplexen Problemen von IT-Organisationen.
- *Analytisches Modelling* – Six Sigma™, PMBOK® und PRINCE2® bieten hinreichend getestete Methoden, die auf analytischen Modellen basieren. Sie müssen im Kontext von Service Strategy und Service Management evaluiert und angepasst werden.

Es werden drei Techniken zur Quantifizierung des Werts einer Investition empfohlen:

- *Business Case* – Eine Methode, um Business-Ziele zu identifizieren, die vom Service Management abhängen.
- *ROI vor Anwendung des Programms* – Techniken zur quantitativen Analyse von Investitionen vor der Zuweisung von Ressourcen.
- *ROI nach Anwendung des Programms* – Techniken zur rückblickenden Analyse von Investitionen.

3.12 Implementierung und Betrieb

Strategische Ziele werden in Pläne mit kurz- und langfristigen Zielsetzungen basierend auf dem Lebenszyklus umgewandelt. Pläne übersetzen die Absichten einer Strategie über die Phasen Service Design, Service Transition, Service Operation und Continual Service Improvement in Aktionen.

Service Strategy liefert für jede Phase im Lebenszyklus Input:

- *Strategy und Design* – Servicestrategien werden über die Bereitstellung eines Portfolios in einem bestimmten Marktbereich implementiert. Neu gecharterte Services oder Services, die verbessert werden müssen, um dem

Bedarf zu entsprechen, werden in die Service Design Phase weitergeleitet. Das Design kann durch Servicemodelle, Ergebnisse, Einschränkungen oder Kosten angestoßen werden.

- *Strategy und Transition* – Um Risiken eines Fehlschlags zu senken, durchlaufen alle strategischen Änderungen die Service Transition. Service-Transition-Prozesse analysieren, evaluieren und genehmigen strategische Initiativen. Service Strategy liefert der Service Transition Strukturen und ermittelte Einschränkungen, wie das Serviceportfolio, Richtlinien, Architekturen und das Vertragsportfolio.

- *Strategy und Operation* – Die letztendliche Umsetzung der Strategie erfolgt in der Produktionsphase. Die Strategie muss auf die operativen Fähigkeiten und Einschränkungen abgestimmt sein. Im Rahmen der Service Operation legen Deployment-Muster in sich operative Strategien für bestimmte Kunden fest. Service Operation ist verantwortlich dafür, das Vertragsportfolio bereitzustellen, und sollte in der Lage sein, Schwankungen im Bedarf zu bewältigen.

- *Strategy und CSI* – Aufgrund ständiger Veränderungen sind Strategien niemals statisch. Servicestrategien müssen entwickelt, angepasst und ständig überprüft werden. Strategische Anforderungen beeinflussen Qualitätsperspektiven, die in CSI verarbeitet werden. CSI-Prozesse liefern Feedback für die Strategy-Phase, beispielsweise zu: Qualitätsperspektive, Warranty-Faktoren, Zuverlässigkeit, Wartbarkeit, Redundanzen.

Herausforderungen und Chancen:

- *Komplexität* – IT-Organisationen sind komplexe Systeme. Dies erklärt, warum einige Serviceorganisationen keine Veränderungen anstreben. Organisationen sind nicht immer in der Lage, die langfristigen Folgen von Entscheidungen und Aktionen abzuschätzen. Ohne einen kontinuierlichen Lernprozess führen die Entscheidungen von heute häufig zu den Problemen von morgen.

- *Koordination und Steuerung* – Die Personen, die die Entscheidungen treffen, können häufig nur wenig Zeit, Sorgfalt und Kapazität aufwenden. Daher delegieren Sie die Rollen und Verantwortlichkeiten an Teams und einzelne Personen, was eine Koordination durch Zusammenarbeit und Überwachung unbedingt erforderlich macht.
- *Werterhalt* – Kunden interessieren sich nicht nur für Utility und Warranty, die sie für den bezahlten Preis erhalten. Sie möchten auch wissen, welche Total Cost of Utilization (TCU) für sie herauskommt.
- *Effektive Messungen* – Messungen lenken den Schwerpunkt der Organisation auf ihre strategische Ziele, treiben den Fortschritt voran und liefern der Organisation Feedback. Die meisten IT-Organisationen sind gut darin, Monitoring-Daten zu sammeln, jedoch häufig nicht gut darin, Einblick in die Effektivität der angebotenen Services zu bieten. Die richtigen Analysen und deren Anpassung an Strategieänderungen sind von kritischer Bedeutung.

Die Implementierung der Strategie führt zu Veränderungen im Serviceportfolio. Dazu gehört auch das Management zugehöriger Risiken. Risiken sind wie folgt definiert: „Risiko ist eine Unsicherheit eines Ergebnisses, oder in anderen Worten: im Positiven eine Chance oder im Negativen eine Bedrohung." Risikobewertung und Risikomanagement müssen auf den Servicekatalog und die Servicepipeline angewendet werden, um Risiken innerhalb des Lebenszyklus zu identifizieren, zu minimieren und zu senken.

Es wurden folgende Risikotypen identifiziert:

- Vertragsrisiken
- Design-Risiken
- Operative Risiken
- Marktrisiken

Es existieren vier Haupttypen bei Implementierungsstrategien für das Service Management:

- *Even-Keel-Modus* – Die Organisation sieht kein Problem mit dem IT Service Management, wächst nicht und ist eher zufrieden mit der derzeitigen Situation.
- *Trouble-Modus* – Die Organisation weiß, dass umfassende Aktionen erforderlich sind, da viele Probleme bestehen. Es ist ein umfassenderer Managementansatz erforderlich.
- *Growth-Modus* – Die Organisation ist sich dessen bewusst, dass erhebliche Verbesserungen erforderlich sind. Sie weiß, welcher Beitrag von der IT zu strategischen Business-Zielen zu leisten ist, und erarbeitet einen umfassenden strategischen Ansatz zur Verbesserung des IT Service Management.
- *Radical Change-Modus* – Die Organisation durchläuft einen grundlegenden organisatorischen Wandel (Outsourcing, Fusion, Übernahme) und benötigt umgehend Verbesserungen im IT Service Management.

Welches dieser grundlegenden Muster am besten für eine bestimmte Organisation passt, hängt davon ab, in welchen Status sich die Organisation derzeit befindet.

4 Lebenszyklusphase: Service Design

4.1 Einführung

Service Design ist die Phase, die sich mit dem Design und der Entwicklung von Services und den dazugehörigen Prozessen beschäftigt. Das wichtigste Ziel des Service Design ist das Design neuer oder geänderter Services, die an eine Test- oder Produktionsumgebung übergeben werden.

Die Service-Design-Phase im Lebenszyklus beginnt mit dem Bedarf an neuen oder geänderten Anforderungen seitens des Kunden. Eine gute Vorbereitung und der effektive und effiziente Einsatz von Personen, Prozessen, Produkten (Services, Technologie, Hilfsmittel) und Partnern (Supplier, Hersteller, Anbieter) – den vier „Ps" von ITIL – sind ein absolutes Muss, um den Erfolg von Design, Plänen und Projekten zu garantieren.

4.2 Grundbegriffe

Die Design-Phase muss folgende fünf Aspekte beinhalten:

1. *Das Design von Servicelösungen* – Ein strukturierter Ansatz ist notwendig, um einen neuen Service zu schaffen, der im Hinblick auf Kosten, Funktionalität und Qualität angemessen ist und mit den vereinbarten funktionalen Anforderungen, Ressourcen und Fähigkeiten konform geht. Der Prozess muss iterativ und inkrementell sein, um sich ändernden Kundenwünschen und -anforderungen Rechnung zu tragen. Wichtig ist, dass ein Service Design Package (SDP) zusammengestellt wird, das alle Aspekte des (neuen oder geänderten) Service und seiner Anforderungen in jeder Phase des Lebenszyklus beinhaltet.

2. *Das Design von Managementinformationssystemen und -Tools, insbesondere des Serviceportfolio* – Diese Instrumente müssen geprüft werden, um sicherzustellen, dass sie in der Lage sind, den neuen oder geänderten Service zu unterstützen. Das Serviceportfolio ist ein kritisches Managementsystem, das all diese Prozesse unterstützt. Es beschreibt die Service Delivery im Hinblick auf den Mehrwert für den Kunden und muss alle Serviceinformationen und deren Status umfassen. Das Portfolio veranschaulicht den Status eines Service, egal ob er sich in der Entwicklungs- oder Produktionsphase befindet oder bereits stillgelegt wurde.

3. *Das Design der Architektur* – Hierzu gehören Aktivitäten wie die Ausarbeitung von Konzepten für die Entwicklung und das Deployment einer IT-Infrastruktur und die Vorbereitung von Anwendungen, Daten und Umgebung (in Abstimmung auf die Bedürfnisse des Business). Geprüft werden sollten sowohl Technologiearchitekturen als auch Managementarchitekturen.

4. *Das Design von Prozessen* – Werden die Aktivitäten in den Lebenszyklusphasen und die Inputs und Outputs klar definiert, ist eine effizientere und effektivere Arbeitsweise möglich, die sich mehr am Kunden orientiert. Durch eine Bewertung der aktuellen Prozessqualität und der Optionen zur Verbesserung kann die Organisation ihre Effizienz und Effektivität noch weiter steigern. Dies gilt nicht nur für Prozesse in der Design-Phase, sondern in allen Phasen sowie für Rollen, Verantwortlichkeiten und Fertigkeiten. Sie sollten alle den neuen oder geänderten Service unterstützen und verwalten.

5. *Das Design von Messmethoden und Messgrößen* – Damit der Entwicklungsprozess von Services effektiv gesteuert und gemanagt werden kann, muss dafür gesorgt werden, dass die Servicequalität regelmäßig bewertet wird und

relevante Messgrößen zur Verfügung stehen. Das ausgewählte Bewertungssystem muss auf die Kapazität und den Reifegrad der Prozesse, die bewertet werden, abgestimmt werden. Folgende vier Elemente eines Prozesses können untersucht werden: *Fortschritt, Compliance, Effektivität und Effizienz des Prozesses.*

Die Antwort auf die Frage, welches Modell für die Entwicklung von IT-Services verwendet werden soll, hängt weitgehend vom ausgewählten *Service-Delivery-Modell* ab. Folgende Optionen stehen zur Verfügung:

- *Insourcing* – Für Design, Entwicklung, Wartung, Ausführung und/oder Support des Service werden interne Ressourcen verwendet.
- *Outsourcing* – Mit Design, Entwicklung, Wartung, Ausführung und/oder Support des Service wird eine externe Organisation beauftragt.
- *Co-Sourcing* – Hierbei handelt es sich um eine Kombination von Insourcing und Outsourcing, bei der verschiedene Outsourcing-Organisationen während des gesamten Servicelebenszyklus eng zusammenarbeiten.
- *Multi-Sourcing* (oder Partnerschaft) – Mehrere Organisationen treffen formale Vereinbarungen mit Schwerpunkt auf strategischen Partnerschaften (um neue Marktchancen zu schaffen).
- *Business Process Outsourcing (BPO)* – Eine externe Organisation übernimmt (einen Teil der) Geschäftsprozesse einer anderen Organisation an einem anderen Standort.
- *Application Service Provision* – Computerbasierte Services werden dem Kunden über ein Netzwerk angeboten.

- *Knowledge Process Outsourcing (KPO)* – KPO-Organisationen stellen domänenbasierte Prozesse und Unternehmensexpertise bereit.

Herkömmliche *Entwicklungsansätze* beruhen auf dem Grundsatz, dass die Anforderungen des Kunden zu Beginn des Servicelebenszyklus bestimmt werden und die Entwicklungskosten durch das Change Management kontrollierbar bleiben. Der Grundgedanke des Rapid Application Development (RAD) ist der, dass jede Änderung unvermeidlich ist und das Verhindern von Änderungen einer Passivität gegenüber dem Marktgeschehen gleichkommt. Der RAD-Ansatz ist ein inkrementeller und iterativer Entwicklungsansatz:

- *Der inkrementelle Ansatz* – Ein Service wird Stück für Stück designed. Teile des Service werden separat entwickelt und einzeln bereitgestellt. Jedes Teilstück unterstützt eine Business-Funktion, die einen Teil des gesamten Service ausmacht. Der große Vorteil dieses Ansatzes ist eine kürzere Bereitstellungszeit. Die Entwicklung jedes Teils erfordert jedoch einen Durchlauf aller Lebenszyklusphasen.
- *Der iterative Ansatz* – Der Entwicklungslebenszyklus wird mehrmals durchlaufen. Für ein besseres Verständnis der Kundenanforderungen werden Techniken wie das Prototyping eingesetzt.

Eine Kombination beider Ansätze ist möglich. Eine Organisation kann zunächst die Anforderungen des gesamten Service bestimmen und danach schrittweise mit Design und Entwicklung der Software weitermachen. Viele Organisationen wählen jedoch Standardsoftwarelösungen, um die Bedürfnisse zu erfüllen statt den Service selbst zu designen.

4.3   Prozesse und andere Aktivitäten

Dieser Abschnitt erläutert die Prozesse und Aktivitäten im
Service Design.

Service-Design-Prozesse:

- *Design Coordination* – Der Design-Coordination-Prozess
  unterstützt die gesamte Design-Phase, indem er einen
  einzigen umfassenden Koordinationsprozess für alle
  Aktivitäten in der Service Design-Phase bereitstellt.
- *Service Catalogue Management (SCM)* – Zielsetzung des
  SCM ist die Entwicklung und Wartung eines Servicekatalogs,
  der detaillierte und präzise Angaben zu allen Services und
  den sie unterstützenden Geschäftsprozessen enthält, egal ob
  ein Service noch entwickelt wird, aktuell zum Einsatz kommt
  oder bereits stillgelegt wurde.
- *Service Level Management (SLM)* – Zielsetzung des SLM ist
  es sicherzustellen, dass die Level der IT Service Delivery für
  aktuelle und zukünftige Services gemäß den vereinbarten
  Zielen dokumentiert, vereinbart und erreicht werden.
- *Capacity Management* – Zielsetzung des Capacity
  Management ist es sicherzustellen, dass die Kapazität auf
  aktuelle und zukünftige Bedürfnisse des Kunden (in einem
  Capacity-Plan erfasst) abgestimmt wird.
- *Availability Management* – Zielsetzung des Availability-
  Management-Prozesses ist es sicherzustellen, dass die
  Verfügbarkeits-Level neuer und geänderter Services den
  mit dem Kunden vereinbarten Levels entsprechen. Das
  Availability Management Information System (AMIS), das
  die Grundlage für den Availability-Plan bildet, muss laufend
  gewartet werden.
- *IT Service Continuity Management (ITSCM)* – Letztendliche
  Zielsetzung des ITSCM ist es, die Business-Continuity (Vital

Business Functions Kritische Business-Funktionen, VBF)
zu garantieren. Dazu muss sichergestellt werden, dass die
benötigten IT-Einrichtungen innerhalb der vereinbarten Zeit
wiederhergestellt werden können.

- *Information Security Management* – Zielsetzung des
  Information Security Management ist es sicherzustellen, dass
  die Information Security Policy auf die organisationsweit
  geltenden Sicherheitsrichtlinien abgestimmt wird und alle
  Anforderungen der Corporate Governance erfüllt.
- *Supplier Management* – Zielsetzung des Supplier
  Management ist das Management aller Supplier und Verträge,
  um die Bereitstellung von Services für den Kunden zu
  garantieren.

Aktivitäten im Service Design mit Technologiebezug:

- *Anforderungsverwaltung* – Nachvollziehbarkeit und
  Dokumentation der Business- und Anwenderanforderungen
  (funktionale Anforderungen sowie Management-, Betriebs-
  und Nutzbarkeitsanforderungen).
- *Management von Daten und Informationen* – Daten gehören
  zu den kritischen Objekten, die kontrolliert werden müssen,
  um IT-Services effektiv entwickeln, bereitstellen und
  unterstützen zu können.
- *Management von Anwendungen* – Gemeinsam mit Daten
  und Infrastruktur bilden Anwendungen die technischen
  Komponenten von IT-Services.

4.4 Design Coordination

Einführung
Der Design-Coordination-Prozess unterstützt die gesamte
Design-Phase, indem er einen einzigen umfassenden

Koordinationsprozess für alle Aktivitäten in der Service-Design-Phase bereitstellt. Der entscheidende Mehrwert, den der Design-Coordination-Prozess dem Business verschafft, ist die Herstellung konsistenter Designs, die die gewünschten Geschäftsergebnisse liefern.

Grundbegriffe

Der Design-Coordination-Prozess ist im Grunde ein Prozess, der die anderen Prozesse in der Service-Design-Phase des Lebenszyklus überwacht. Überwacht wird die korrekte Verwendung von Dokumenten, Richtlinien und Standards in jedem Prozess und die termingerechte Ausführung der Aktivitäten. Sollte es zu Konflikten zwischen Prozessen kommen, werden die aufgetreten Probleme eskaliert.

Aktivitäten

Aufgabe des Prozesses ist es, Projekte und Changes zu unterstützen sowie alle relevanten Richtlinien, Design-Aktivitäten und das Management von Ressourcen und Leistung zu verwalten. Dadurch wird sichergestellt, dass allen Anforderungen angemessen Rechnung getragen wird und alle benötigten Produkte reibungslos an die Service-Transition-Phase übergeben werden.

Die Aktivitäten der gesamten Lebenszyklusphase umfassen:
- *Definition und Verwaltung der Richtlinien und Methoden* – Der Design-Coordination-Prozess muss sicherstellen, dass während der gesamten Lebenszyklusphase vereinbarte einheitliche Richtlinien, Architekturen, Methoden und Grundsätze verwendet werden, um konsistente, zuverlässige und wiederholbare Design-Prozesse zu unterstützen.

- *Planung der Design-Ressourcen und -Fähigkeiten* – Für neue oder geänderte Services erforderliche Ressourcen und Fähigkeiten müssen für jeden Design-Prozess zur Verfügung stehen. Dazu gehören die Einstellung und Schulung neuer Mitarbeiter und die Bereitstellung neuer Technologien für die Design-Prozesse.
- *Koordination der Design-Aktivitäten* – Alle Design-Aktivitäten müssen über Projekte und Changes hinaus koordiniert werden. Zeitpläne, Ressourcen, Eskalationen, Supplier und Support-Teams müssen während der Design-Lebenszyklusphase gemanagt werden.
- *Management der Design-Risiken und -Schwierigkeiten* – Risiken müssen bewerten und gemanagt werden, um eine hohe Qualität und kontinuierliche Verbesserung sicherzustellen.
- *Verbesserungen im Service Design* – Aktivitäten zur kontinuierlichen Verbesserung überwachen die Leistung der Service-Design-Aktivitäten.

Zu den individuellen Design-Aktivitäten gehören:
- *Planung individueller Designs* – Die Design-Aktivitäten müssen für jedes Projekt oder jeden Change sorgfältig geplant werden, damit die angestrebten Geschäftsergebnisse erreicht werden können.
- *Koordination individueller Designs* – Individuelle Changes und Projekte erfordern die operative Koordination der Design-Aktivitäten, um sicherzustellen, dass alle Aktivitäten gemäß den vereinbarten Plänen und Richtlinien ausgeführt werden.
- *Überwachung individueller Designs* – Da der Design-Coordination-Prozess für die Bereitstellung der Services

verantwortlich ist, muss er den individuellen Fortschritt der Designs überwachen.

- *Prüfung der Designs und Übergabe der SDPs* – Am Ende der Phase müssen alle Ergebnisse einschließlich der Service Design Packages (SPDs) anhand der vereinbarten Pläne formal überprüft werden.

4.5   Service Catalogue Management

Einführung

Der Zweck des Service Catalogue Management (SCM) ist die Entwicklung und Pflege des Servicekatalogs. Der Servicekatalog beinhaltet alle Details, den Status, mögliche Interaktionen und wechselseitige Abhängigkeiten aller jetzigen und der unter Entwicklung stehenden Services. Der Servicekatalog enthält Angaben zu Ergebnissen, Preisen, Bestellungen und Anfragen sowie Kontaktinformationen.

Grundbegriffe

Über die Jahre wuchsen die IT-Infrastrukturen der Organisationen in kontinuierlichen Schritten. Aus diesem Grund ist es schwierig, ein genaues Bild der angebotenen Services der Organisationen zu bekommen und wem sie angeboten werden. Um ein klares Bild zu bekommen, wird ein Serviceportfolio entwickelt (mit Servicekatalogen als Teile davon) und aktuell gehalten. Die Entwicklung des Serviceportfolios ist eine Komponente der Service-Strategy-Phase.

Es ist wichtig einen klaren Unterschied zwischen dem Serviceportfolio und dem Servicekatalog zu machen:
- *Serviceportfolio* – Das Serviceportfolio beinhaltet Informationen über jeden Service und seinen Status. Als

Ergebnis beschreibt das Portfolio den gesamten Prozess, angefangen mit den Kundenanforderungen für die Entwicklung bis über Aufbau und Ausführung des Service. Das Serviceportfolio repräsentiert alle aktiven und inaktiven Services in verschiedenen Phasen des Lebenszyklus.

- *Servicekatalog* – Der Servicekatalog ist eine Teilmenge des Serviceportfolio und besteht nur aus aktiven und bewährten Services (im Benutzer-Level) der Service Operation. Der Servicekatalog teilt Services in Komponenten. Er beinhaltet Grundsätze, Richtlinien, und Verantwortungen genauso wie Preise, Service Level Agreements und Lieferkonditionen.

Viele Organisationen integrieren und halten das Serviceportfolio und den Servicekatalog als Teil ihres Configuration Management System (CMS). Beim definieren jedes Services kann die Organisation Incidents und Change Anfragen der in Frage kommenden Services in Beziehung setzen. Daher müssen Änderungen im Serviceportfolio und Servicekatalog Teil des Change-Management-Prozesses sein.

Der Servicekatalog kann ebenso für die Business-Auswirkungs-analyse (BIA) als Teil des IT Service Continuity Management (ITSCM) genutzt werden oder als Ausgangspunkt für eine Umverteilung der Auslastung als Teil des Capacity Management. Dieser Vorteil rechtfertigt die Investition (in Zeit und Geld), die die Herstellung eines Kataloges erfordert und diesen lohnenswert macht.

Er sollte den Anwendern eindeutige, relevante Informationen bieten. Da die Anwender sehr unterschiedlich sein können, empfiehlt es sich, den Servicekatalog in verschiedenen

Perspektiven anzubieten. Ein Katalog mit zwei Perspektiven kann für folgende Services sinnvoll sein:

- *Kundengerichtete Services* – IT-Services, die für den Kunden sichtbar sind. Sie unterstützen normalerweise die Geschäftsprozesse des Kunden und fördern die gewünschten Ergebnisse.
- *Unterstützende Services* – IT-Services, die kundengerichtete Services unterstützen oder die Grundlage dafür schaffen. Sie sind für den Kunden in der Regel nicht sichtbar, für die Bereitstellung von kundengerichteten IT-Services aber unabdingbar.

Ein Servicekatalog mit drei Perspektiven wird durch die Aufteilung der kundengerichteten Services in zwei weitere Perspektiven geschaffen: eine Großhandel-Kundenperspektive und eine Einzelhandel-Kundenperspektive. Die Perspektiven müssen für jedes Unternehmen maßgeschneidert werden.

Eine Kombination aus beiden Aspekten bietet einen schnellen Überblick über die Entwicklungen der Ereignisse und Veränderungen. Aus diesem Grund kombinieren viele Organisationen beide Aspekte des Servicekatalogs, als Teil des Serviceportfolios.

Aktivitäten

Der Servicekatalog ist die einzige Ressource, welche beständige Informationen über alle Services des Service Provider enthält. Der Katalog sollte jeder autorisierten Person zugänglich sein. Enthaltene Aktivitäten:

- Definieren der Services
- Produktion und Aufrechterhaltung eines genauen Servicekatalogs

- Informationen über den Servicekatalog dem Stakeholder zur
  Verfügung stellen
- Schnittstellen zwischen allen Stakeholdern (Business,
  Support-Teams, Supplier, SLM, Business Relationship
  Management und internen Teams) schaffen, damit
  sichergestellt ist, dass der Servicekatalog richtig und präzise
  ist und sich an den Interessen der Stakeholder ausrichtet

4.6   Service Level Management

Einführung
Das Ziel des Service Level Management (SLM) Prozesses ist die
Lieferung von IT-Services zu vereinbaren und sicherzustellen,
dass der vereinbarte Level der IT-Service-Bereitstellung erreicht
wird.

Grundbegriffe
Der SLM-Prozess umfasst Planung, Koordination, Lieferung,
Einverständnis, Überwachung und Berichterstattung von
Service Level Agreements (SLAs). Dies beinhaltet die laufende
Betrachtung geleisteter Dienste. Auf diesem Weg werden
Qualitätsbedürfnisse zufriedengestellt und können wo möglich
verbessert werden. Das SLA ist eine schriftliche Bestätigung
zwischen dem Service Provider und einem Kunden und umfasst
beiderseitige Zielsetzung und Verantwortungen. Optionen für
SLAs sind:
- *Servicebasierte SLAs* – Das SLA deckt einen Service für alle
  Kunden ab.
- *Kundenbasierte SLAs* – Das SLA deckt einen Service für eine
  bestimmte Kundengruppe ab.

- *Mehrebenen-SLAs* – Eine SLA-Struktur, die verschiedene
  Bereiche abdeckt, z. B. eine Struktur von SLAs auf
  Unternehmensebene, Kundenebene und Serviceebene.

Ein *Operational Level Agreement* (OLA) ist ein Vertrag
zwischen IT Service Provider und einem anderen Teil derselben
Organisation. Ein OLA definiert die Güter der Services, die eine
Abteilungen einer anderen zur Verfügung stellt und definiert die
Verantwortungen beider Parteien.

Ein *Underpinning Contract (UC)* ist ein Vertrag mit
Drittparteien, zugunsten der Lieferung eines vereinbarten
IT-Services zum Kunden. Der UC definiert Ziele und
Verantwortungen die benötigt werden, um die vereinbarten
Service Level in den SLAs zu erreichen.

Zwischen dem Service Level Management und dem Business
Relationship Management besteht eine enge Beziehung.
Für beide Prozesse ist wichtig, die Bedürfnisse des Kunden
zu verstehen und eine optimale Kundenzufriedenheit
sicherzustellen. Beschwerden und Lob werden in enger
Zusammenarbeit erfasst und gemanagt. Beiden Prozessen
dienen Kundenzufriedenheitsumfragen als Grundlage für eine
verbesserte Abstimmung zwischen Provider und Kunde. Die
Prozesse können jedoch einen unterschiedlichen Fokus haben:
Das Business Relationship Management konzentriert sich mehr
auf die Kundenzufriedenheit, während der Schwerpunkt des
SLM auf dem Erreichen individueller Service Level liegt.

Um Berichte über die erreichte Servicequalität im Vergleich
zu den Servicezielen zu erstellen, kann der Provider SLAM-
Diagramme (Service Level Agreement Monitoring) verwenden.

Ein einfaches SLAM-Diagramm, das auch als RAG-Diagramm (Red, Amber, Green) bezeichnet wird, kann anhand eines Ampelsystems einen Überblick über die Leistung eines Service geben.

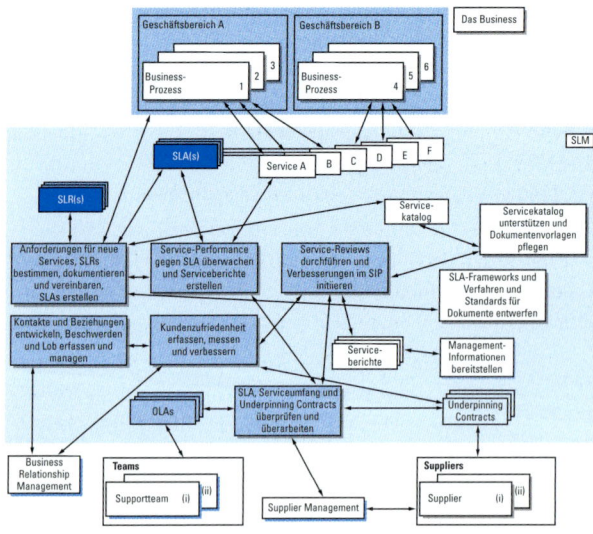

Abbildung 4.1 Service Level Management
Quelle: the Cabinet Office

Aktivitäten

Die Aktivitäten des Service Level Management (Abbildung 4.1) sind:

- *Design des SLM Frameworks* – SLM muss den bestmöglichen SLA entwerfen, so dass alle Services zur Verfügung gestellt und Kunden ihren Bedürfnissen entsprechend bedient werden können.

- *Festlegung, Dokumentation und Vereinbarung der Anforderungen für neue Services und Produktion der Service Level Requirements (SLRs)* - Wenn der Servicekatalog entstanden und die SLA-Struktur entschieden ist, muss das erste SLR (eine Kundenanforderung für einen Aspekt eines Service) ermittelt werden.

- *Überwachung der Performance in Hinblick auf das SLA und Berichterstattung der Ergebnisse* – Alles im SLA muss messbar sein. Andernfalls könnten Streitigkeiten aufkommen, die das Vertrauen schädigen.

- *Verbesserung der Kundenzufriedenheit* – Neben den „harten" Kriterien, sollte ebenfalls festgehalten werden, wie die Kunden den Service in Bezug auf „sanfte" Kriterien sehen.

- *Review der grundlegenden Vereinbarungen* – Der IT Service Provider ist auch abhängig von seinen eigenen internen, technischen Services und externen Partnern. Um die SLA-Ziele zu erfüllen, müssen die grundlegenden Vereinbarungen mit internen Abteilungen (OLAs) und externen Supplieren (UCs) die SLA unterstützen.

- *Begutachten und verbessern von Services* – Man sollte den Kunden regelmäßig hinzuziehen, um den Service einschätzen zu können und um mögliche Verbesserungen in der Servicebereitstellung zu machen. Man fokussiert dabei die Verbesserungsvorschläge, die den größten Gewinn für das Unternehmen erbringen. Verbesserungsaktivitäten sollten dokumentiert und durch einem Serviceverbesserungsplan (SIP) gesteuert werden.

- *Entwickeln von Verträgen und Beziehungen* – SLM soll Vertrauen verbreiten. Mit dem Servicekatalog, kann SLM anfangen initiativ zu arbeiten; der Katalog liefert Informationen, die das Verständnis der Beziehungen zwischen Services, Geschäftsbereichen und Prozessen verbessern.

4.7 Availability Management

Einführung

Availability Management muss dafür sorgen, dass der gelieferte Availability Level aller Services kosteneffektiv den vereinbarten Anforderungen entspricht oder diese übersteigt.

Grundbegriffe

Abbildung 4.2 veranschaulicht eine Anzahl von Anfangspunkten des Availability Management. Die Nicht-Verfügbarkeit von Services kann reduziert werden, indem man die hervorgehobenen Phasen des *erweiterten Incident-Lebenszyklus* zielgenau reduziert.

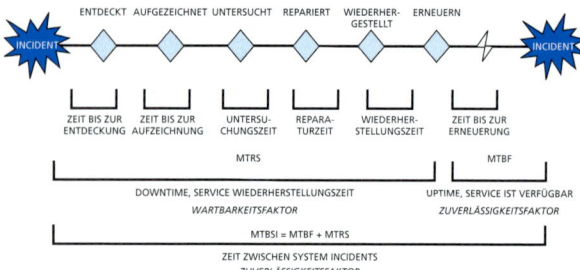

Abbildung 4.2 Der erweiterte Incident-Lebenszyklus
Quelle: the Cabinet Office

Services müssen schnell wieder hergestellt werden, wenn sie für die Nutzer nicht verfügbar sind. Die *Mean Time to Restore Service (MTRS)* ist die Zeit innerhalb der eine Funktion (Service, System oder Komponente) nach einem Ausfall wiederhergestellt wird. MTRS ist abhängig von einer Vielzahl von Faktoren, wie zum Beispiel:

• Konfiguration von Service Assets

- MTRS individueller Komponenten
- Kompetenzen des Support Personals
- Verfügbare Ressourcen
- Richtlinien, Pläne
- Verfahren
- Redundanz

Andere Messgrößen zur Messung der Verfügbarkeit sind:

- *Mean Time Between Failures (MTBF)* – Die durchschnittliche Zeit in der ein CI oder Service seine bestimmte Funktion ausführen kann ohne unterbrochen zu werden.
- *Mean Time Between Service Incidents (MTBSI)* – Die Durchschnittszeit, wenn ein System oder Service ausfällt, bis es das nächste mal wieder ausfällt.
- *Mean Time To Repair (MTTR)* – Die durchschnittliche Zeit die es braucht das CI oder den Service nach einem Ausfall zu reparieren. MTTR wird von da an gemessen wo das CI oder der Service unterbrochen ist und bis mit er Wiederherstellung (Reparatur) begonnen wird. MTTR enthält nicht die benötigte Zeit zur Wiederherstellung.

Das Availability Management fungiert auf zwei vernetzten Ebenen:

- *Komponentenverfügbarkeit* – Dies betrifft alle Aspekte der Verfügbarkeit und Nichtverfügbarkeit von Komponenten.
- *Serviceverfügbarkeit* – Dies betrifft alle Aspekte der Verfügbarkeit und Nichtverfügbarkeit von Services und die Auswirkungen von Komponentenverfügbarkeit oder die potenziellen Auswirkungen der Nichtverfügbarkeit von Komponenten auf die Serviceverfügbarkeit. Die Serviceverfügbarkeit misst den End-to-End-Service.

Die *Zuverlässigkeit* eines Service oder einer Komponente zeigt an, wie lange dieser seine vereinbarte Funktion ohne Unterbrechung ausführen kann.

Die *Wartbarkeit* eines Service oder einer Komponente zeigt an, wie schnell dieser nach einem Ausfall wieder hergestellt werden kann.

Die *Servicefähigkeit* beschreibt die Fähigkeit eines Lieferanten die Ziele seines Vertrages zu erfüllen, einschließlich der vereinbarten Levels über Zuverlässigkeit, Wartbarkeit und Verfügbarkeit für ein CI.

Die Zuverlässigkeit eines Systems kann durch verschiedene *Redundanz*-Typen vergrößert werden.

Aufgrund der erhöhten Abhängigkeit von IT-Services, verlangen Kunden häufig Services mit *hoher Verfügbarkeit*. Dies erfordert ein Design, welches die *Single Point of Failure (SPOFs)* eliminiert und/oder die Bereitstellung von alternativen Komponenten in Betracht zieht, um nur minimale Schäden am Business-Betrieb zu haben, sollte ein Ausfall einer IT Komponente auftreten.
Hohe Verfügbarkeitslösungen ziehen Nutzen aus Techniken wie der *Fehlertoleranz*, *Ausfallsicherheit* und *Schnelle Wiederherstellung*, um eine Anzahl von Zwischenfällen und deren Auswirkung zu reduzieren.

Aktivitäten

Das Availability Management muss kontinuierlich garantieren, dass alle Services ihre Ziele erfüllen. Neue oder geänderte Services müssen so geschaffen sein, dass sie mit den Zielen übereinstimmen. Um dies zu realisieren, kann das Availability Management reaktive und proaktive Aktivitäten ausführen (Abbildung 4.3):

- *Reaktive Aktivitäten* – Werden in der operativen Phase des Lifecycle ausgeführt:
  - Überwachen, Messen, Analysieren und Bericht erstatten über die Verfügbarkeit der Services und Komponenten
  - Nichtverfügbarkeitsanalyse
  - erweiterter Lifecycle eines Incidents
  - Serviceausfallanalyse (Service Failure Analysis, SFA)
- *Proaktive Aktivitäten* – Werden in der Design-Phase des Lebenszyklus ausgeführt:
  - Identifizierung der Vital Business Functions (VBFs), dem Teil eines Geschäftsprozesses, der für den Erfolg des Business entscheidend ist
  - Auf Verfügbarkeit ausgerichtetes Design
  - Component Failure Impact Analysis (Analyse der Auswirkungen von Komponentenausfällen, CFIA)
  - Single Point of Failure Analyse (SPOF)
  - Fault Tree Analysis (Fehlerbaumanalyse, FTA)
  - Modellierung zum Testen und Analysieren prognostizierter zukünftiger Verfügbarkeiten
  - Risikobewertung und Risikomanagement
  - Testschemata für die Verfügbarkeit
  - Geplante und präventive Wartung
  - Erstellung des Projected Service Outage Dokuments (Voraussichtliche Serviceunterbrechung, PSO), das die Auswirkungen der geplanten Changes, Wartungsaktivitäten und Testpläne auf vereinbarte Service Level identifiziert
  - Regelmäßige Reviews und kontinuierliche Verbesserungen

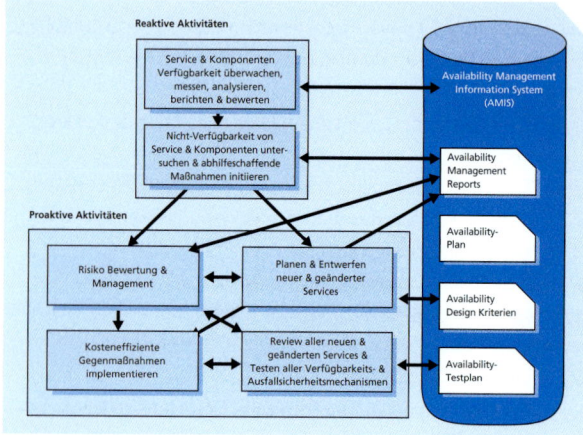

Abbildung 4.3 Availability Management
Quelle: the Cabinet Office

4.8 Capacity Management

Einführung

Das Capacity Management muss dafür sorgen, dass die
bereitgestellte IT-Kapazität die aktuellen und zukünftigen
Bedürfnisse der Kunden zu vertretbaren Kosten abdeckt. Die
Service Strategy analysiert die Wünsche und Anforderungen
der Kunden, und das Capacity Management ist in der Service-
Design-Phase der kritische Erfolgsfaktor für die Definition eines
IT-Service.

Grundbegriffe

Das *Capacity Management Information System (CMIS)* liefert
relevante Informationen zur Kapazität und Performance eines
Services, um den-Capacity-Management-Prozess zu unterstützen.

Dieses Informationssystem ist eines der wichtigsten Elemente im Capacity-Management-Prozess.

Die CMIS-Informationen dienen dem Service Provider als Grundlage für den Capacity-Plan, der die aktuelle Nutzung von Services und Komponenten verwaltet und die Kapazität der IT-Infrastruktur plant, um die steigenden oder abnehmenden Bedürfnisse der Kunden nach aktuellen oder neuen Services zu erfüllen. Der Capacity-Plan sollte aktiv als Entscheidungs-grundlage verwendet werden.

Aktivitäten

Der Capacity Management Prozess beinhaltet folgende Aspekte:
- Reaktive Aktivitäten:
  – Monitoring und Messung
  – Antworten und Reagieren auf kapazitätsbezogene Events
- Proaktive Aktivitäten:
  – Prognostizierung zukünftiger Anforderungen und Trends
  – Budgetierung, Planung und Implementierung von Upgrades
  – Suchen nach neuen Wegen, um die Serviceleistung zu verbessern
  – Optimierung der Leistung eines Service

Manche Aktivitäten (Abbildung 4.4) müssen wiederholt ausgeführt werden (proaktiv oder reaktiv). Sie liefern grundlegende Informationen und stoßen andere Aktivitäten und Prozesse des Capacity Management an. Beispiele für solche Aktivitäten sind:
- Überwachung der IT-Auslastung und der Antwortzeiten
- Datenanalyse
- Tuning und Implementierung

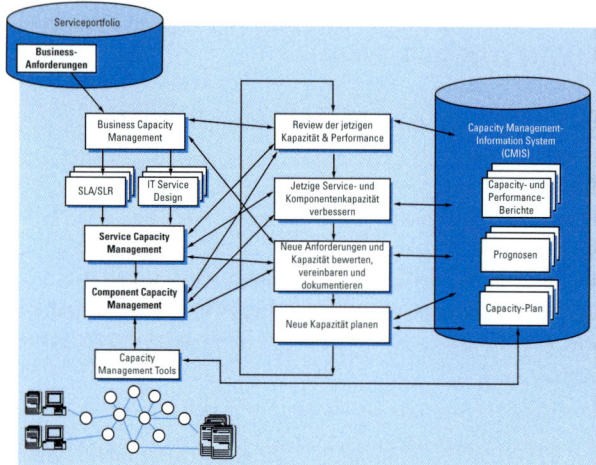

Abbildung 4.4 Überblick über Unterprozesse des Capacity Management
Quelle: the Cabinet Office

Das Capacity Management kann ein äußerst technischer,
komplexer und anspruchsvoller Prozess sein, der aus drei
Unterprozessen besteht:

- *Business Capacity Management* – Wandelt die Anforderungen
  des Kunden in Spezifikationen für den Service und die
  IT-Infrastruktur um und konzentriert sich auf aktuelle und
  zukünftige Anforderungen.
- *Service Capacity Management* – Identifiziert und verschafft sich einen fundierten Einblick in die IT-Services
  (einschließlich der Quellen, Muster usw.), um sie auf die
  definierten Ziele abzustimmen.
- *Component Capacity Management (CCM)* – Managt,
  kontrolliert und prognostiziert die Performance und
  Kapazität einzelner IT-Komponenten.

Alle Unterprozesse des Capacity Management analysieren die im CMIS gespeicherten Informationen.

4.9   IT Service Continuity Management

Einführung

IT Service Continuity Management (ITSCM) muss die Business Continuity unterstützen, um zu garantieren, das die geforderten IT-Anlagen und -Services (Computer Systeme, Netzwerke, usw.) innerhalb des vereinbarten Zeitrahmens wiederhergestellt werden können. ITSCM managt die Risiken, die IT-Services ernsthaft bedrohen könnten.

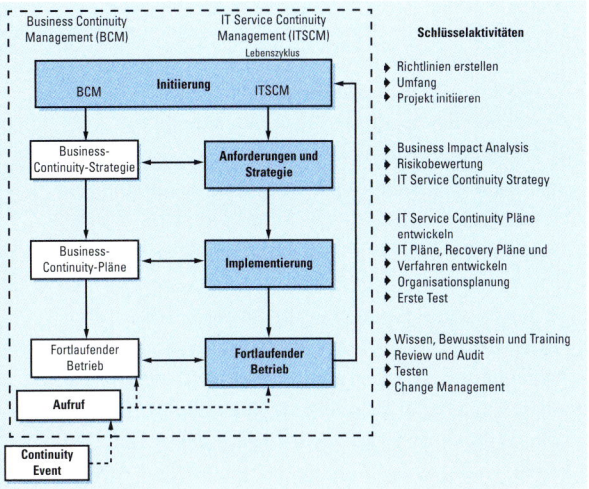

Abbildung 4.5 Lebenszyklus des Service Continuity Management
Quelle: the Cabinet Office

Grundbegriffe

Sobald Service Continuity oder *Wiederherstellungspläne* erstellt wurden, müssen sie auf die *Business Continuity Pläne (BCPs)* und die Geschäftsprioritäten abgestimmt werden. Abbildung 4.5 zeigt den zyklischen Prozess des ITSCM und die Rolle des *Business Continuity Management (BCM)*.

Aktivitäten

Der Prozess besteht aus vier Phasen:

- *Phase 1: Initiierung* – Diese Phase erstreckt sich auf die ganze Organisation und beinhaltet die folgenden Aktivitäten:
  - Definieren der Richtlinien
  - Spezifizierung der Konditionen und Zuständigkeitsbereiche
  - Zuweisung der Ressourcen (Menschen, finanzielle Ressourcen und Betriebsmittel)
  - Definieren der Projektorganisation und Managementstruktur
  - Genehmigen der Projekt- und Qualitätspläne
- *Phase 2: Anforderungen und Strategien* – Bei der Untersuchung wie gut eine Organisation eine Katastrophe überleben kann, ist die Bestimmung der Business-Anforderungen von entscheidender Bedeutung. Diese Phase beinhaltet Anforderungen und Strategien. Die Anforderungen umfassen die Performance der Business-Auswirkungsanalyse und Risikoabschätzung:
  - *Anforderung 1: Business-Auswirkungsanalyse (BIA)* – Die Auswirkungen bestimmen, die durch den Verlust der Services entstehen. Wenn die Auswirkungen im Detail bestimmt werden können, nennt man dies „hard impact" – z. B. finanzieller Schaden. „Soft impact" ist weniger

einfach bestimmbar. Er stellt zum Beispiel, den Einfluss
auf Public Relations, Moral und Gesundheit dar.

- *Anforderung 2: Risikobewertung* – Es gibt verschiedene
  Risikoanalysen und Methoden. Risikobewertung ist
  eine Bewertung von Risiken, die sich ereignen können.
  Das Risikomanagement identifiziert die Antwort und
  Gegenmaßnahmen, die eingesetzt werden können. Eine
  Standartmethode wie das Management of Risk (M_o_R)
  kann zum Ermitteln und Verwalten der Risiken genutzt
  werden.

- *Strategie 1: Risikoreduzierende Maßnahmen* –
  Zusammen mit dem Availability Management müssen
  Maßnahmen zur Reduzierung der Risiken durchgeführt
  werden, da die Ausfallreduktion einen Einfluss auf die
  Serviceverfügbarkeit hat. Maßnahmen können beinhalten:
  Fehlertolerante Systeme, gute IT-Sicherheitskontrollen
  und ausgelagerte Speicher.

- *Strategie 2: ITSCM-Wiederherstellungsoptionen* –
  Die Kontinuitätsstrategie muss die Kosten der
  risikoreduzierenden Maßnahmen gegen die
  Wiederherstellungsmaßnahmen abwägen (manuelle
  Arbeitsumgebungen, reziproke Absprachen, allmähliche
  Wiederherstellung, zügige Wiederherstellung, schnelle
  Wiederherstellung und sofortige Wiederherstellung), um
  kritische Prozesse wiederherstellen zu können.

- *Phase 3: Implementierung* – Die ITSCM-Pläne können
  erstellt werden, sobald klar ist, welche Strategie wo zum
  Einsatz kommt. Die Organisationsstruktur (Führung und
  entscheidungsfindende Prozesse) verändert sich während des
  Wiederherstellungsprozesses. Ein Senior Manager sollte die
  Verantwortung dafür haben.

- *Phase 4: Fortlaufender Betrieb* – Diese Phase umfasst:
  - Ausbildung, Bewusstsein und Training des Personals
  - Überprüfung und Audit
  - Testen
  - Change Management (stellt sicher, dass alle Changes auf ihren potentiellen Einfluss untersucht wurden)
  - Endgültiger Test (Aufruf)

4.10 Information Security Management

Einführung

Information Security Management muss die IT-Sicherheit der Business Security angleichen und muss sicherstellen, dass die Information Security in allen Services und im Service-Management-Betrieb effektiv gesteuert wird.

Grundbegriffe

Der Information-Security-Management-Prozess und das Framework beinhalten:

- Information Security Policy
- Information Security Management System (ISMS)
- Aussagekräftige Security-Strategie (abgeleitet von den Geschäftszielen und Strategien)
- Effektive Sicherheitsstrukturen und Kontrollen
- Risikomanagement
- überwachte Prozesse
- Kommunikationsstrategie
- Trainingsstrategie

Die *Information Security Policy* (Richtlinie zur Informations-sicherheit) muss innerhalb des unternehmensweiten Sicherheits-Framework betrachtet werden und sollte die Zustimmung der Geschäftsleitung haben. Das Gleiche gilt für ein breites Spektrum von Sicherheitsfragen. Die Gesamtrichtlinie sollte Richtlinien für die Asset-Steuerung, Passworteinstellungen, die Nutzung von E-Mail und Internet, Antivirusmechanismen, Zugriff, Dokumentensteuerung usw. enthalten.

Das ISMS stellt die Basis für die wirtschaftliche Entwicklung des Information-Security-Programms dar, welches die Geschäftsziele unterstützt. Nutzen Sie die *Vier Ps*, Personen, Prozesse, Produkte (inklusive der Technologien) und Partner (inklusive der Supplier), um einen hohen Sicherheits-Level, wo benötigt, sicherzustellen.

Das Framework kann auf ISO/IEC 27001 basieren, dem Internationalen Standard für das Information Security Management. Abbildung 4.6 basiert auf verschiedenen Empfehlungen, inklusive der ISO/IEC 27001, und liefert Informationen über die fünf Elemente (Kontrolle, Planen, Implementieren, Bewerten, Wartung) und ihre jeweiligen Ziele.

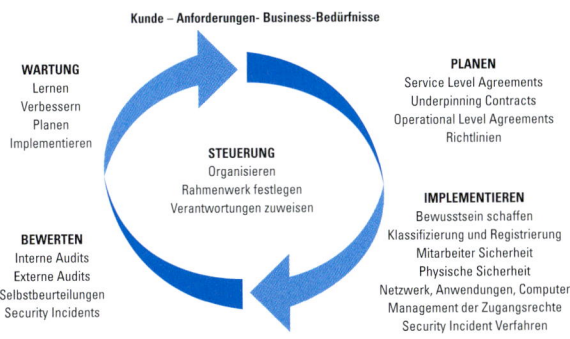

Abbildung 4.6 Framework für das Management der IT-Sicherheit
Quelle: the Cabinet Office

Aktivitäten

Information Security Management sollte folgende Aktivitäten beinhalten:

- Erstellung, Pflege und Verteilung einer Information Security Policy
- Kommunikation, Implementierung und Durchsetzung der Sicherheitsrichtlinien
- Bewertung von Informationen
- Implementieren (und dokumentieren) von Kontrollen, die die Security-Richtlinien und das Risikomanagement unterstützen
- Überwachung und Management von Unterbrechungen und Incidents
- Proaktive Verbesserungen des Kontrollsystems

Der Information Security Manager muss verstehen, dass Sicherheit nicht nur eine Stufe im Lebenszyklus ist und dass sie nicht nur allein von der Technik garantiert werden kann. Information Security ist ein kontinuierlicher Prozess und ein integrierter Teil aller Services und Systeme. Abbildung 4.7 beschreibt die Kontrollen die im Prozess genutzt werden können.

Abbildung 4.7 zeigt, dass ein Risiko aus einer Bedrohung resultieren kann, welches wiederum einen Incident verursachen kann, der einen Schaden herbeiführt. Verschiedene Maßnahmen können zwischen den Phasen gewählt werden:

- *vorbeugende Maßnahmen* – beugt Auswirkungen vor (z. B. Access Management)
- *reduzierende Maßnahmen* – begrenzt Auswirkungen (z. B. Backup und Testen)
- *detektivische Maßnahmen* – spürt Auswirkungen auf (z. B. Überwachung)

- *repressive Maßnahmen* – stellt die Auswirkungen ab
  (z. B. blockiert)
- *korrigierende Maßnahmen* – repariert Auswirkungen
  (z. B. Rollback)

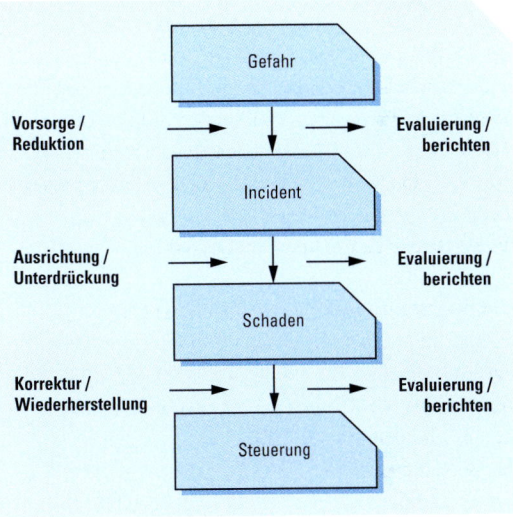

Abbildung 4.7 Sicherheitsmechanismen bei Bedrohungen und Incidents
Quelle: the Cabinet Office

4.11 Supplier Management

Einführung

Supplier Management muss die Supplier und die Services, die
sie anbieten, steuern, mit dem Ziel beständige Qualität zu einem
angemessenen Preis zu beziehen.

Grundbegriffe

Alle Aktivitäten in diesem Prozess müssen aus der Supplier-Strategie und der Service-Strategy-Richtlinie resultieren. Erstellen Sie eine Supplier- und Vertragsdatenbank (SCMIS), um Beständigkeit und Effektivität bei der Durchführung der Richtlinie zu erreichen. Idealerweise ist diese Datenbank ein integriertes Element des CMS oder SKMS. Die Datenbank sollte alle Einzelheiten über die Supplier und ihre Verträge beinhalten, zusammen mit den Einzelheiten über Service- und Produktart und alle Informationen und Beziehungen zu anderen CIs.

Die Daten die hier gespeichert sind, liefern wichtige Informationen für Aktivitäten und Verfahren:

- Kategorisierung der Lieferanten
- Wartung der Supplier- und Vertragsdatenbanken
- Evaluierung und Festlegung neuer Lieferanten und Verträge
- Bildung neuer Supplier-Beziehungen
- Management und Ausführung der Supplier und Verträge
- Erneuerung und auslaufende Verträge

Die Klassifizierung der Supplier muss das richtige Maß an Aufwand für jeden Supplier widerspiegeln. Supplier können wie folgt klassifiziert werden:

- *Strategisch* – Wichtige partnerschaftliche Beziehungen, in denen vertrauliche strategische Informationen zur Realisierung langfristiger Pläne weitergeben werden müssen. Die Verantwortung hierfür obliegt dem oberen Management.
- *Taktisch* – Beziehungen, die eine weitreichende kommerzielle Aktivität und geschäftliche Interaktion erfordern. Die Verantwortung hierfür obliegt dem mittleren Management.
- *Operativ* – Supplier von operativen Produkten oder Services. Die Verantwortung hierfür obliegt dem unteren Management.

- *Handelswaren* – Supplier, die geringwertige und/oder sofort lieferbare Produkte und Services anbieten, die relativ einfach von alternativen Anbietern bezogen werden können.

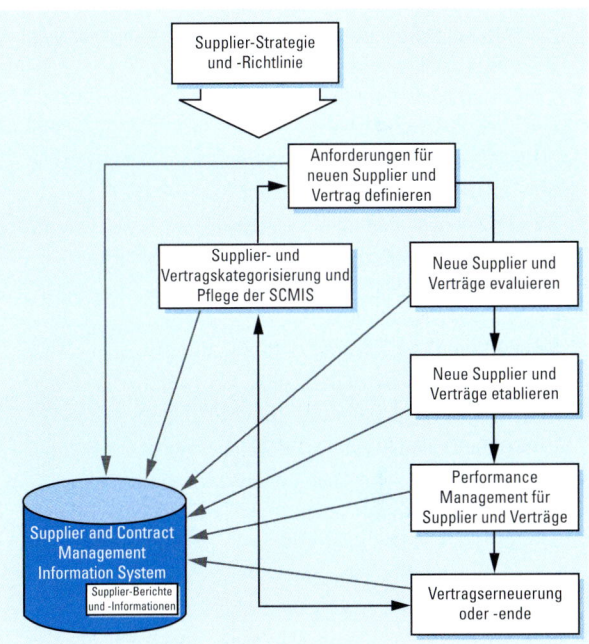

Abbildung 4.8 Vertragslebenszyklus
Quelle: the Cabinet Office

Aktivitäten

Externen Suppliern wird empfohlen, einen formalen Vertrag aufzusetzen, mit klar definierten, vereinbarten und dokumentierten Verantwortlichkeiten und Zielen. Der Vertrag wird über den gesamten Lebenszyklus gesteuert (Abbildung 4.8).

Die Phasen sind:

1. *Definieren von Anforderungen neuer Supplier und Verträge* – Erstellen eines Anforderungsprogramms (Statement of Requirement, SoR und/oder Invitation to Tender, ITT), Sicherstellen der Konformität zwischen Strategie und Richtlinie, Entwickeln eines Business Case.

2. *Evaluieren neuer Supplier und Verträge* – Identifizieren neuer Geschäftsanforderungen und beurteilen von Suppliern als Teil des Service-Design-Prozesses. Sie liefern Input für alle anderen Aspekte des Lebenszyklusvertrags. Ziehen Sie verschiedene Punkte in Betracht, wenn Sie einen neuen Supplier aussuchen, wie Referenzen, Fähigkeiten und finanzielle Aspekte.

3. *Kategorisieren der Supplier und Verträge und Pflege des SCMIS* – Die Menge an Zeit und Energie, die man in einen Supplier investieren sollte, ist abhängig vom Einfluss dieses Suppliers und seines Service. Eine Aufteilung könnte bei den strategischen Beziehungen (geleitet von einem Senior Manager), bei den Beziehungen auf einem taktischen Level (geleitet vom Mittleren Management) und auf einem Ausführungs-Level (Execution Management) vorgenommen werden und bei Supplier, die nur Waren anbieten wie Papier oder Patronen. Das SCMIS sollte aktualisiert werden.

4. *Etablieren neuer Supplier und Verträge* – Jetzt sollten Supplierservices und -verträge festgelegt und Beziehungen aufgebaut werden, bevor die Service-Transition-Phase einsetzt.

5. *Supplier-, Vertrags- und Performance-Management* – Auf operativer Ebene müssen die integrierten Prozesse der Kundenorganisation und Supplierorganisation effizient funktionieren. Folgende Fragen sollten gestellt werden:
   - Soll der Supplier sich dem Change Management Prozess der Organisation anpassen?

– Wie wird der Service Desk den Supplier im Falle eines
   Incidents informieren?
– Wie werden die CMS-Information aktualisiert wenn sich
   das CI verändert?

Während des Lebenszyklus des Vertrages, müssen folgende
Punkte beachtet werden, um Risiken minimieren zu können:

– die Leistung der Supplier
– die Services, Lieferumfang und Vertragsvorschauen im
   Vergleich mit den Geschäftsanforderungen

Stellen Sie sicher, dass die anfänglichen Maßnahmen mit den
aktuellen abgestimmt sind.

6. *Erneuern oder beenden des Vertrags* – Auf einem
    strategischen Level müssen sie darauf achten, wie der
    Vertrag wirkt und wie relevant er in Zukunft sein wird, ob
    Veränderungen notwendig sind und was die kommerzielle
    Performance des Vertrages ist. Benchmarking kann ein
    angemessenes Instrument zum Vergleich der momentanen
    Serviceerbringung mit der anderen Supplier in der Branche
    sein. Wenn als Ergebnis, die Entscheidung getroffen
    wird, die Beziehung mit dem Supplier zu beenden, ist es
    wichtig abzuwägen, was die Konsequenzen in rechtlichen
    und finanztechnischen Bereichen sein werden und wie die
    Kundenorganisation und die Serviceerbringung beeinflusst
    werden.

4.12 Aktivitäten im Service Design mit Technologiebezug

Das Service Design beinhaltet eine Reihe von Aktivitäten mit
Technologiebezug. Dazu gehören: die *Anforderungsverwaltung*,
das *Management von Daten und Informationen* und *das
Management von Anwendungen*.

Techniken zur Anforderungsverwaltung

Die Anforderungen des Business, der Anwender und anderer
Stakeholder müssen klar und verständlich dokumentiert werden,
damit sie während ihres Lebenszyklus verfolgt werden können.

Für jedes System existieren diese drei Arten von Anforderungen:

- *Funktionale Anforderungen* – Sie beziehen sich auf die Utility
  eines Service mit Schwerpunkt auf der Business-Funktion.
- *Management- und Betriebsanforderungen* – Sie beziehen sich
  auf die Warranty eines Service (und werden auch als nicht-
  funktionale Anforderungen bezeichnet).
- *Nutzbarkeitsanforderungen* – Sie beziehen sich auf die
  Anwenderfreundlichkeit, auf das „Look and Feel".

Um Probleme zu vermeiden, müssen alle Stakeholder
einschließlich Kunde, Anwender und Serviceentwicklungsteam
in die Entwicklung von Anforderungsprofilen miteinbezogen
werden.

Das *Anforderungsdokument* bildet den Kern dieser Aktivität.
Das Dokument enthält jede einzelne Anforderung in einer
Standardvorlage. Jede Anforderung muss klar, unmiss-
verständlich, sinnvoll und auf die Ziele des Kunden ausgerichtet
sein und darf nicht mit anderen Anforderungen in Konflikt
stehen. Um dies sicherzustellen, kann das Instrument SMART
eingesetzt werden, das für Specific (spezifisch), Measurable
(messbar), Achievable (erreichbar), Relevant (relevant), Time-
bounded (termingebunden) steht.

Das Ergebnis kann anschließend im *Anforderungskatalog*
festgehalten werden, der zentralen Sammlung des Anforderungs-
portfolios, das Teil des Serviceportfolios ist und ein Register mit

allen Anwenderanforderungen enthält. Die Anforderungen sollten nach Priorität eingestuft werden, z. B. nach dem „MoSCoW"-Ansatz, der zwischen „Must have" (muss vorhanden sein), „Should have" (sollte vorhanden sein), „Could have" (kann vorhanden sein), „Won't have" (ist nicht vorhanden) unterscheidet.

Management von Daten und Informationen

Daten gehören zu den kritischen Objekten, die kontrolliert werden müssen, um IT-Services effektiv entwickeln, bereitstellen und unterstützen zu können. Auf die Daten sollten (nur) berechtigte Anwender zugreifen können, und die Qualität der Daten sollte so beschaffen sein, dass sie die Geschäftsprozesse unterstützen.

Das Daten- und Informationsmanagement umfasst vier Managementbereiche:

- *Management von Datenquellen* – Eine Datenquelle sollte präzise sein und die Verantwortlichkeit für sie auf eine geeignete Personen übertragen werden. Dieser Prozess wird auch als Datenadministration bezeichnet.
- *Management der Daten- und Informationstechnologie* – Dieser Bereich beschäftigt sich mit dem IT-Management und umfasst u. a. das Design von Datenbanken und das Datenbankmanagement.
- *Management von Informationsprozessen* – Der Datenlebenszyklus (das Erstellen, Sammeln, Aufrufen, Ändern, Speichern, Löschen und Archivieren von Daten) muss gesteuert werden. Dies geschieht oft in enger Abstimmung mit dem Application Management.

- *Management von Datenstandards und -richtlinien* – Die Organisation muss im Rahmen der IT-Strategie Standards und Richtlinien für das Datenmanagement formulieren.

Daten können auf drei Ebenen klassifiziert werden:
- *Operative Daten* – Diese Daten werden für den kontinuierlichen Betrieb der Organisation benötigt und sind am wenigsten spezifisch.
- *Taktische Daten* – Diese Daten sind für das Linien- oder obere Management bestimmt und bestehen teilweise aus historischen Daten, die aus Managementinformations- systemen extrahiert werden.
- *Strategische Daten* – Daten dieser Art stehen für langfristige Trends, die anhand externer Daten (Marktdaten) ermittelt werden.

Zu den Aufgaben des *Datenverantwortlichen* gehören:
- Zuweisung der Person, die Daten erstellen, überarbeiten, lesen und löschen darf
- Herstellen eines Konsens über die Art der Datenspeicherung für Änderungszwecke
- Genehmigung der Sicherheitsebenen
- Vereinbarung einer Business-Beschreibung und eines -zwecks

Bei der Definition von IT-Services sind Management- und Betriebsanforderungen in Verbindung mit Daten zu beachten. Dies betrifft insbesondere folgende Aspekte:
- Wiederherstellung verlorener Daten
- Kontrollierter Datenzugriff
- Implementierung von Richtlinien für die Datenarchivierung
- Regelmäßige Überwachung der Datenintegrität

Management von Anwendungen

Eine Anwendung wird nach ITIL wie folgt definiert: „Software, die die von einem IT-Service benötigten Funktionen bereitstellt."

Jede Anwendung kann Teil eines oder mehrerer IT-Services sein. Eine Anwendung wird auf einem oder mehreren Servern oder Clients ausgeführt.

Entscheidend ist, dass die bereitgestellten Anwendungen die Anforderungen des Kunden erfüllen. Für die Implementierung des Application Management sind zwei alternative Ansätze erforderlich:

- *Service Development Lifecycle (SDLC)* – Ein systematischer Ansatz zur Problemlösung, der die Entwicklung eines IT-Service unterstützt. Dieser Ansatz umfasst folgende Schritte: Machbarkeitsstudie, Analyse, Design, Test, Implementierung, Evaluierung und Wartung.
- *Anwendungswartung* – Dieser Ansatz betrachtet alle Services aus einer globalen Perspektive, um sicherzustellen, dass die Anwendungen mithilfe eines kontinuierlichen Prozesses gemanagt und gewartet werden. Alle Anwendungen werden im Anwendungsportfolio, das auf die Anforderungen der Kunden abgestimmt wird, lückenlos beschrieben.

Das *Anwendungs-Framework* deckt alle Management- und Betriebsaspekte ab und stellt Lösungen für alle Management- und Betriebsanforderungen rund um die Anwendung bereit.

Ein wichtiger Aspekt ist die Notwendigkeit, Anwendungen auf ihre zugrunde liegenden, unterstützenden Strukturen abzustimmen. Entwicklungsumgebungen verfügen traditionell über eigene CASE-Tools (Computer Aided Software

Engineering), d. h. über Werkzeuge zur computergestützten
Erstellung von Software. Diese Tools erleichtern die
Spezifikation von Anforderungen, das Entwerfen von Design-
Diagrammen und die Generierung von Anwendungen. Sie
verfügen auch über einen Ort zum Speichern und Managen der
erstellten Elemente.

Nach der Design-Phase muss die Anwendung weiterentwickelt
werden. Sowohl die Anwendung als auch die Umgebung müssen
auf den Einstieg vorbereitet werden. Die *Anwendungs-
entwicklung* umfasst einheitliche Codierungskonventionen,
Richtlinien und Checklisten, geschäftsfähige Testverfahren und
den Aufbau eines Entwicklungsteams. Als Ergebnisse liefert die
Anwendungsentwicklung Skripts zum Starten und Stoppen einer
Anwendung oder zum Überwachen von Hardware- und
Softwarekonfigurationen, SLA-Ziele und –Anforderungen,
Betriebsanforderungen und –dokumentation und Support-
Anforderungen.

4.13 Organisation

Gut funktionierende Organisationen treffen schnell und effizient
die richtigen Entscheidungen und setzen sie erfolgreich um. Um
dies zu erreichen, müssen Rollen (und Verantwortlichkeiten) klar
definiert sein. Zu den wichtigen Rollen gehören:
- Process Owner
- Service Design Manager
- Servicekatalogmanager
- Service Level Manager
- Availability Manager
- Security Manager

4.14 Methoden, Techniken und Tools

Von entscheidender Bedeutung ist, dass die Tools, die eingesetzt werden, die Prozesse unterstützen und nicht umgekehrt. Es gibt unterschiedliche Werkzeuge und Techniken, die das Design von Services und Komponenten erleichtern. Sie machen nicht nur das Entwickeln von Hardware und Software möglich, sondern auch die Entwicklung von Umgebungs-, Prozess- und Datendesigns. Tools sorgen dafür, dass die Service-Design-Prozesse reibungslos funktionieren. Sie steigern die Effizienz und bieten wertvolle Informationen für das Management beim Aufspüren möglicher Schwachstellen.

4.15 Implementierung und Betrieb

Dieser Abschnitt beschäftigt sich mit verschiedenen Aspekten, die für die Implementierung des Service Design wichtig sind:

- *Business-Auswirkungsanalyse (Business Impact Analysis, BIA)* – Die BIA ist eine hilfreiche Informationsquelle, um die Bedürfnisse des Kunden zu identifizieren und die Auswirkungen und Risiken eines Service (für das Business) abzuwägen. Sie ist ein maßgebliches Element des Business-Continuity-Prozesses und bestimmt die Strategie zur Risikoreduzierung und Wiederherstellung nach einem Katastrophenfall.

- *Implementierung des Service Design* – Der Prozess, die Richtlinien und die Architektur, die für das Design und die Implementierung von IT-Services maßgeblich sind, müssen dokumentiert werden. All diese Komponenten stehen in enger Wechselbeziehung und bedingen sich gegenseitig. Eine lückenlose Dokumentation bringt optimalen Nutzen und fördert eine strukturierte Vorgehensweise.

- *Voraussetzungen für den Erfolg (Prerequisites for Success, PFSs)* – Die Voraussetzungen sind oft Anforderungen von anderen Prozessen. Bevor beispielsweise das Service Level Management (SLM) die Service Level Agreements (SLA) konzipieren kann, müssen ein kundengerichteter Servicekatalog und ein Support-Servicekatalog erstellt werden.

Zu den KPIs des Service-Design-Prozesses gehören:
- Präzise formulierte SLAs, OLAs und UCs
- Prozentsatzangaben zu den budgetgerecht gelieferten Anforderungsspezifikationen für das Service Design
- Prozentangaben zu den fristgerecht gelieferten Service Design Packages (SPDs)

Beispiele für mögliche Herausforderungen bei der Implementierung sind:
- Die Notwendigkeit zur Abstimmung der bestehenden Architektur, Strategie und Richtlinie
- Der Einsatz unterschiedlicher Technologien und Anwendungen anstelle einer einzigen Plattform
- Ungenaue oder sich ändernde Kundenanforderungen

Die Service-Design-Phase birgt verschiedene Risiken:
- Reifegrad – Wenn der Reifegrad eines Prozesses niedrig ist, ist es nicht möglich, einen hohen Reifegrad bei anderen Prozessen zu erreichen.
- Ungenaue Business-Anforderungen.
- Zu kleines Zeitfenster für Service Design.

Abbildung 4.9 macht deutlich, dass der Output aus jeder Phase als Input in eine andere Phase des Lebenszyklus dient. So liefert die Service Strategy wichtigen Input für das Service Design, das wiederum Input in die Transition-Phase einbringt. Das

Serviceportfolio stellt in jeder Phase des Lebenszyklus für jeden
Prozess Informationen bereit.

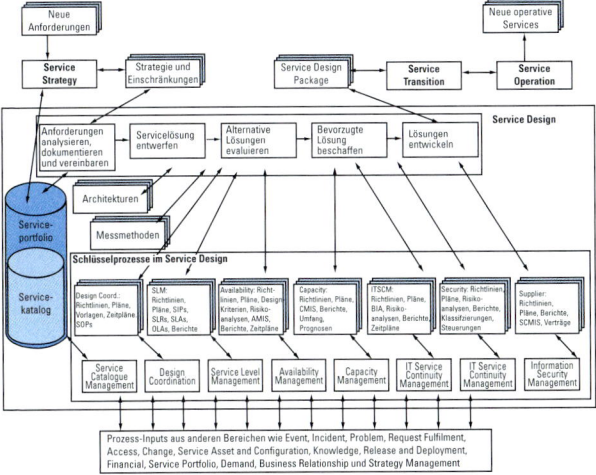

Abbildung 4.9 Die wichtigsten Beziehungen, Inputs und Outputs für das
Service Design
Quelle: the Cabinet Office

5 Lebenszyklusphase: Service Transition

5.1 Einführung

Die Service-Transition-Phase umfasst das Management und die Koordination aller Prozesse, Systeme und Funktionen, die für die Build-Erstellung, das Testen und das Deployment neuer und geänderter Services nötig sind. Die Service Transition erstellt die Services gemäß den Spezifikationen in der Service-Design-Phase, basierend auf den Anforderungen von Kunden und Stakeholdern.

Eine Service Transition ist effektiv und effizient, wenn das bereitgestellt wird, was das Business verlangt, ohne dass der in der Design-Phase kalkulierte Aufwand an Geldmitteln und anderen notwendigen Ressourcen überschritten wird.

Eine effektive Service Transition stellt sicher, dass die neuen oder geänderten Services besser auf den Geschäftsbetrieb des Kunden abgestimmt werden. Ein Beispiel hierfür ist die Fähigkeit des Business, schnell und angemessen auf Änderungen am Markt zu reagieren.

5.2 Grundbegriffe

Die nachstehenden *Richtlinien* sind für eine effektive Serviceüberführung in jeder Organisation unabdingbar. Der Ansatz muss an die speziellen Bedingungen und Gegebenheiten der jeweiligen Organisation angepasst werden:

- Definition und Implementierung der Richtlinien und Verfahren für die Service Transition
- Implementierung sämtlicher Changes über die Service Transition

- Verwendung einheitlicher Frameworks und Standards
- Wiederverwendung bestehender Prozesse und Systeme
- Abstimmung der Service-Transition-Pläne auf die Bedürfnisse des Business
- Aufbau und Pflege der Beziehungen zu Stakeholdern
- Einführung von Kontrollmechanismen für Assets, Verantwortlichkeiten und Aktivitäten
- Bereitstellung von Systemen zur Unterstützung des Wissenstransfers und der Entscheidungsfindung
- Planung von Paketen für Release und Deployment
- Vorausschauendes Management von Planänderungen
- Proaktives Management der Ressourcen
- Kontinuierliche Einbeziehung der Stakeholder in frühen Phasen des Servicelebenszyklus
- Sicherung der Qualität neuer oder geänderter Services
- Proaktive Verbesserung der Servicequalität während der Service Transition

5.3   Prozesse und andere Aktivitäten

Service Transition besteht in der Regel aus folgenden Schritten:
- Planung und Vorbereitung
- Build-Erstellung
- Servicetests und -pilottests
- Planung und Vorbereitung des Deployment
- Deployment, Überführung oder Stilllegung
- Review und Abschluss der Service Transition

Dieser Abschnitt erläutert die Prozesse und Aktivitäten der Service Transition.

Service-Transition-Prozesse:

- *Transition Planning and Support* – Stellt die Planung und Koordination der Ressourcen sicher, die zur Umsetzung der Service-Design-Spezifikation benötigt werden.
- *Change Management* – Stellt sicher, dass Changes kontrolliert implementiert werden, d. h. dass sie evaluiert, priorisiert, geplant, getestet, implementiert und dokumentiert werden.
- *Service Asset and Configuration Management (SACM)* – Managt die Service-Assets und Configuration Items (CIs), die andere Service-Management-Prozesse unterstützen.
- *Release and Deployment Management* – Konzentriert sich auf die Build-Erstellung, das Testen und das Deployment der in der Design-Phase spezifizierten Services und stellt sicher, dass der Kunde den Service effektiv nutzen kann.
- *Service Validation and Testing* – Mithilfe von Tests wird sichergestellt, dass neue oder geänderte Services zweckmäßig und einsatzfähig sind.
- *Change Evaluation* – Legt den Schwerpunkt auf die sorgfältige Evaluierung aller wichtigen Meilensteine im Lebenszyklus eines signifikanten Change. Diese Evaluierung ist die Voraussetzung für den Übergang zum nächsten Schritt, z. B. vor dem Build und Test oder vor dem Deployment.
- *Knowledge Management* – Verbessert die Entscheidungs-findung (für das Management) durch die Bereitstellung zuverlässiger und sicherer Informationen während des gesamten Servicelebenszyklus.

Service-Transition-Aktivitäten:

- Die *Kommunikation* spielt bei jeder Serviceüberführung eine wichtige Rolle.
- Ein signifikanter Change eines Service kann auch eine Änderung der Organisation sein. Der Fokus des

organisatorischen Change Management sollte auf dem
emotionalen Änderungskreislauf (Schock, ablehnende
Haltung, Anschuldigung nach außen, Selbstzweifel und
Akzeptierung) und auf *Haltung und Kultur* liegen.
- Das *Stakeholder Management* ist ein entscheidender
  Erfolgsfaktor für die Service Transition. Mithilfe einer
  Stakeholder-Analyse können die Anforderungen und
  Interessen der Stakeholder ermittelt werden und festgestellt
  werden, welchen Einfluss und welche Macht sie bei der
  Serviceüberführung ausüben.

Change Management, SACM und Knowledge Management
beeinflussen und unterstützen alle Lebenszyklusphasen. Release
and Deployment Management, Service Validation and Testing
und Change Evaluation konzentrieren sich auf die Service
Transition Phase.

5.4   Transition Planning and Support

Einführung
Transition Planning and Support stellt die Planung und
Koordination der Ressourcen sicher, die zur Umsetzung der
Service-Design-Spezifikation benötigt werden. Transition
Planning and Support plant demnach Changes und stellt sicher,
dass alle Themen und Risiken gesteuert werden.

Grundbegriffe
Das *Service Design Package (SDP)* welches in der Service-
Design-Phase entwickelt wurde, enthält alle Aspekte eines
IT-Services und seiner Anforderungen für jede Phase des
Lebenszyklus. Es beinhaltet auch die Informationen zur
Ausführung von Tätigkeiten durch das Service Transition Team.

Eine *Release*-Definition sollte folgende Punkte berücksichtigen:

- Namenskonvention, Unterschiede nach Release-Typen
- Rollen und Verantwortlichkeiten
- Release-Häufigkeit
- Akzeptanzkriterien der verschiedenen Transition-Phasen
- Kriterien zum Beenden des Early Life Support (ELS)

Folgende Release-Typen werden definiert:

- *Major Release* – Wichtige neue Hardware- und Softwareverteilung, die in den meisten Fällen eine angemessene Erweiterung der Funktionalitäten beinhaltet.
- *Minor Release* – Beinhalten gewöhnlich eine kleinere Anzahl von Verbesserungen; einige dieser Verbesserungen wurden vorher als Quick Fixe installiert und werden nun in ein Release integriert.
- *Emergency Release* – Wird gewöhnlich als zeitlich befristete Lösung für ein Problem oder einen Known Error implementiert.

Aktivitäten

Folgende Aktivitäten gibt es in Planning and Support:

1. *Festlegung einer Transition-Strategie* – Die Transition-Strategie definiert das allgemeine Leitbild von Service Transition sowie die Zuordnung der Ressourcen.
2. *Service-Transition-Vorbereitung* – Die Vorbereitung besteht aus der Analyse und der Akzeptanz des Inputs anderer Servicelebenszyklusphasen; aus dem identifizieren, dokumentieren und Planen von RFCs, aus dem Überwachen der Baseline und der Transition-Bereitschaft.
3. *Planen und Koordinieren von Service Transition* – Ein individueller Service-Transition-Plan beschreibt die Aufgaben

und Aktivitäten die für ein Rollout eines Release in einer
Test- und Produktivumgebung benötigt werden.

4. *Support* - Service Transition berät und unterstützt alle
Stakeholder. Das Planungs- und Support Team gewährt den
Stakeholdern Einsicht in die Service-Transition-Prozesse,
unterstützende Systeme und Tools.

Die Service-Transition-Aktivitäten werden überwacht, indem
durchgeführte mit geplanten Aktivitäten verglichen werden.

5.5   Change Management

Einführung

Wichtigstes Ziel des Change Management ist es, die
Durchführung von lohnenden Changes bei einer minimalen
Unterbrechung der IT-Services zu ermöglichen. Das Change
Management stellt sicher, dass Changes kontrolliert
implementiert werden, d. h. dass sie evaluiert, priorisiert,
geplant, getestet, implementiert und dokumentiert werden.

Changes werden durch proaktive oder einen reaktive Ursachen
angestoßen. Beispiele für eine proaktive Ursache sind
Kostenreduktion und Serviceverbesserungen. Beispiele für
eine reaktive Ursache von Changes sind die Beseitigung von
Serviceunterbrechungen und das Anpassen des Service an eine
geänderte Umgebung.

Der Change-Management-Prozess muss:
- standardisierte Methoden und Verfahren anwenden
- alle Changes in einem CMS aufzeichnen
- die Risiken für das Business betrachten

Das Change Management ist für die Koordination der Service-Management-Prozesse, die die reibungslose Implementierung von Projekten sicherstellen, nicht zuständig. Diese Aktivität obliegt Transition Planning and Support.

Grundbegriffe

Ein *Request for Change (RFC)* ist ein formaler Antrag zur Durchführung von Änderungen an einem oder mehreren CIs. Komplexen Änderungen kann ein *Change-Vorschlag* vorangehen, der gewöhnlich vom Service-Portfolio-Management-Prozess erstellt wird (siehe den Abschnitt „Schlüsselkonzepte" mit Definitionen).

Es gibt drei Arten von Change Requests: einen normalen Change, einen Notfall-Change und einen Standard-Change. Ein *normaler Change* ergibt sich beim Hinzufügen, Modifizieren oder Entfernen eines Elements, das Auswirkungen auf IT-Services haben könnte. Hierbei sollten Changes an allen Architekturen, Prozessen, Tools, Messgrößen und Dokumentationen berücksichtigt werden, ebenso wie Changes an IT-Services und einzelnen Configuration Items.

Ein S*tandard-Change* ist ein vorab genehmigter und relativ alltäglicher Change mit einem geringen Risiko. Standard-Changes müssen durch das Change Management aufgezeichnet werden. Jeder Standard-Change sollte ein *Change-Modell* haben, das ausführlich beschreibt, wie der Change zu handhaben ist. Ein Change-Modell beinhaltet alle erforderlichen Schritte, die chronologische Reihenfolge, in der sie ausgeführt werden, die Verantwortlichkeiten für Schritte und Aktivitäten, die Zeitfenster und Grenzwerte und die Eskalationsverfahren.

Mithilfe von Tools kann die Anwendung von Change-Modellen automatisiert werden.

Ein *Notfall-Change* ist ein Change der so schnell wie möglich installiert werden sollte. Zum Beispiel, um einen Fehler in einem IT-Service, der große negative Auswirkungen auf das Business hat, zu reparieren. Ein Notfall-Change kann unterschiedliche Genehmigungsstufen umfassen. Unter Umständen wird er nach seinem Abschluss dokumentiert.

Changes werden oft in die *Kategorien* „major" (schwerwiegend), „significant" (signifikant) und „minor" (geringfügig) eingestuft. Als wichtige Kriterien dienen hierbei die mit ihnen verbunden Kosten und Risiken, ihr Umfang und ihre Beziehung zu anderen Changes.

Die *Priorität des Changes* basiert auf Auswirkung und Dringlichkeit. Change Management plant die Changes in einem Change-Kalender: dem *Change Schedule (CS)*.

Das *Change Advisory Board (CAB)* ist ein beratendes Gremium das sich regelmäßig trifft, um den Change Manager bei der Bewertung, Priorisierung und Planung der Changes zu unterstützen. Im Falle von Emergency Changes kann es notwendig sein ein kleineres Gremium zu haben, um Notfall Entscheidungen zu treffen: das *Emergency CAB (ECAB)*.

Kein Change sollte genehmigt werden, ohne dass ein *Backout-Plan* (Rückfallsplanung) vorhanden ist.

Ein *Post-Implementation Review (PIR)* sollte durchgeführt werden, um herauszufinden ob der Change erfolgreich war und ob Verbesserungen identifiziert werden können.

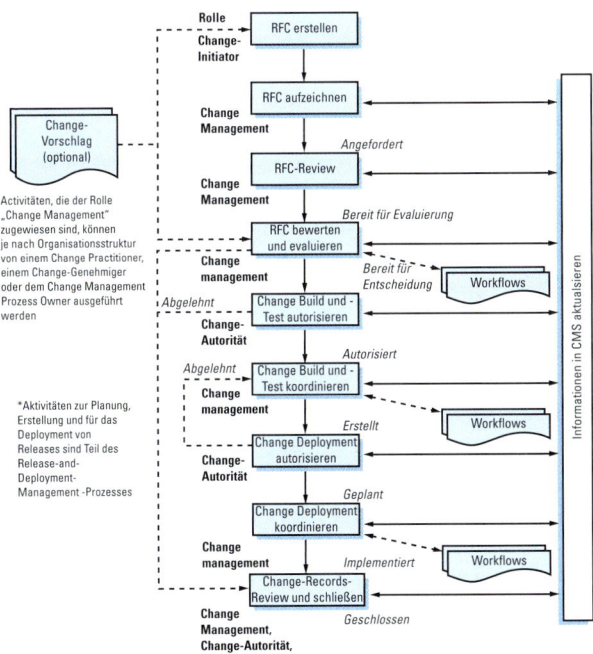

Abbildung 5.1 Change Management
Quelle: the Cabinet Office

Aktivitäten

Folgende Aktivitäten (siehe Abbildung 5.1) sind für das Management einzelner Changes erforderlich:

1. *Erstellen und Aufzeichnen des RFC* – Personen oder Abteilungen können RFCs einreichen. Alle RFCs werden aufgezeichnet und sind identifizierbar.

2. *Review des RFC* – Nach der Registrierung prüfen die Stakeholder ob der Change unlogisch, undurchführbar, unnötig oder unvollständig ist, oder ob er schon früher eingereicht wurde.

3. *Bewerten und Evaluieren von Changes* – Die Bewertung ob ein Change durchgeführt werden kann oder nicht trifft die Change-Autorisierungskompetenz aufgrund der Auswirkungen, der Risikobewertung und des potentiellen Nutzen und der Kosten. Hier kann Unterstützung durch die *Change Evaluation* erforderlich sein.

4. *Autorisierung von Change Build und Test* – Für jeden Change wird eine formale Autorisierung benötigt, bevor Build und Test des Changes erfolgt. Diese kann von einer Rolle, Person oder Gruppe von Personen erteilt werden. Diese Entscheidung wird an die beteiligten Parteien kommuniziert.

5. *Koordination von Change Builds und Tests* – Autorisierte Changes werden für das Build an die relevanten technischen Gruppen weitergeleitet. Für Changes, die Teil eines geplanten Release sind, ist der Release-and-Deployment-Management-Prozess zuständig.

6. *Autorisierung des Change Deployment* – Dem Change-Gremium gegenüber muss der Nachweis erbracht werden, dass für das Change-Ergebnis ein einwandfreier Build und Test durchgeführt wurde. Hierzu kann ein formaler Bericht erforderlich sein.

7. *Koordination des Change Deployment* – Dies ist Teil des Release-and-Deployment-Management-Prozesses. Im Vorfeld sollten Verfahren zur Fehlerkorrektur vorbereitet und dokumentiert werden. Für einfache Changes, die nicht Teil

eines Release sind, koordiniert der Change-Management-Prozess diese Aktivität.

8. *Review and Abschluss von Change Records* – Changes werden einige Zeit nach ihrer Übergabe an die Live-Umgebung evaluiert (*Post Implementation Review, PIR*). Wenn der Change erfolgreich war, gilt er aus administrativer Sicht (und für das SKMS) als fertig und kann geschlossen werden.

5.6 Service Asset and Configuration Management

Einführung

Service Asset and Configuration Management (SACM) managt die Service-Assets und Configuration Items (CIs), die andere Service-Management-Prozesse unterstützen. SACM definiert die Service- und Infrastrukturkomponenten und führt fehlerfreie Configuration Records.

Grundbegriffe

Ein *Service Asset* ist jedwede Ressource oder Fähigkeit eines Service Providers.

Ein *Configuration Item (CI)* bezeichnet alle Komponenten und andere Service Assets, die gemanagt werden müssen, um einen IT-Service bereitstellen zu können.

Ein *Attribut* ist ein Teil der Informationen zu einem CI. Beispielsweise eine Versionsnummer, ein Name, ein Standort usw.

Eine *Beziehung* ist eine Verknüpfung zwischen zwei Configuration Items, die eine gegenseitige Abhängigkeit

oder Verbindung kennzeichnet. Beziehungen zeigen, wie CIs
zusammenarbeiten, um einen Service bereitzustellen.

Durch die Pflege von Beziehungen zwischen CIs wird ein
logisches Modell der Services, Assets und Infrastruktur erstellt.
Dieses bietet wertvolle Informationen für andere Prozesse.

Eine *Configuration-Struktur* zeigt die Beziehungen und
Hierarchie zwischen CIs, die eine Configuration bilden.

Ein *Snapshot* (eine „Momentaufnahme" oder ein „Footprint") ist
der Status einer Konfiguration zu einem bestimmten Zeitpunkt
(beispielsweise bei der Inventarisierung durch ein Discovery-
Tool). Der Snapshot kann im CMS gespeichert werden und dient
als bleibende historische Aufzeichnung der Konfiguration, für
die eine Autorisierung nicht zwingend erforderlich ist.

Das Configuration Management stellt sicher, dass alle CIs über
eine *Baseline* verfügen und gewartet werden. Eine Baseline
ist ein Snapshot, der als Referenzpunkt dient. Es können über
einen längeren Zeitraum viele Snapshots aufgezeichnet und
als Baseline verwendet werden. Mit einer Baseline kann die
vorherige Konfiguration einer IT-Infrastruktur wiederhergestellt
werden, wenn ein Change oder ein Release fehlschlägt.

CIs werden *klassifiziert* (einem Konfigurationselement wird eine
Kategorie zugewiesen), damit sie während ihres Lebenszyklus
gemanagt und verfolgt werden können. Zu den Kategorien
gehören: Service, Hardware, Software, Dokumentation und
Personal.

Eine *Configuration Management Database* (CMDB) ist eine
Datenbank, in der die Configuration Records von CIs gespeichert
werden. Ein *Configuration Record* enthält detaillierte
Angaben zu einem CI. Eine oder mehrere CMDBs können ein
Configuration Management System (CMS, siehe Abbildung 5.2)
bilden.

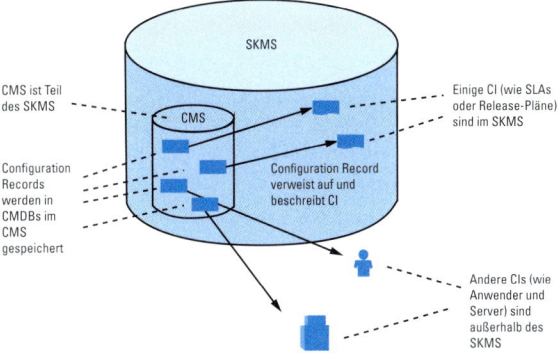

Abbildung 5.2 Beispiel für ein CMS
Quelle: the Cabinet Office

Für das Management von großen und komplexen IT-Services und
Infrastrukturen benötigt das SACM ein unterstützendes System:
das *Configuration Management System (CMS)*.

Es sind verschiedene *Bibliotheken* definiert:

• Eine *sichere Bibliothek* ist eine Sammlung von Software-
  und elektronischen CIs (Dokumente) deren Typ und Staus
  bekannt ist. Der Zugriff darauf ist beschränkt.

• Ein *sicherer Speicher* ist ein sicherer Standort an dem IT
  Assets aufbewahrt werden.

Die *Definitive Media Library (DML)* ist ein sicherer Speicher indem die freigegebenen und genehmigten Versionen aller Medien-CIs gespeichert und überwacht werden.

Kritische Ersatzteile sind Ersatzkomponenten und -komponentengruppen, die auf demselben Stand wie die Vergleichssysteme in der kontrollierten Test- oder Produktionsumgebung gehalten werden.

Software Asset Management (SAM) ist der Prozess, der die Nutzung, Berichterstattung und Verantwortung in Bezug auf Software Assets während ihres gesamten Lebenszyklus verfolgt. SAM ist Teil des gesamten SACM.

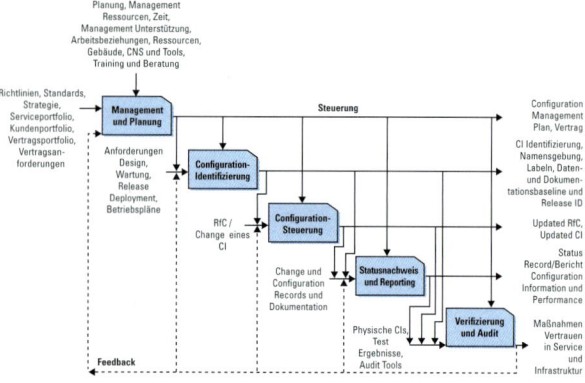

Abbildung 5.3 Service Asset and Configuration Management
Quelle: the Cabinet Office

Aktivitäten

Die grundlegenden SACM-Prozessaktivitäten (Abbildung 5.3) sind:

1. *Management und Planung* – Das Management Team und das Configuration Management entscheiden auf welchem Level Configuration Management benötigt wird und wie dieser Level erreicht werden kann. Dokumentiert in einem Configuration-Management-Plan.

2. *Configuration-Identifizierung* – Configuration-Identifizierung legt den Schwerpunkt auf das Einrichten eines CI-Klassifizierungssystems. Configuration-Identifizierung beinhaltet: die Configuration-Strukturen und die Auswahl der CIs, die Namenskonvention für CIs, das Labeln der CIs, die Beziehungen zwischen den CIs, passende Attribute für CIs, CI-Typen etc.

3. *Configuration-Steuerung* – Configuration-Steuerung stellt sicher, dass die CIs angemessen überwacht werden. Kein CI kann hinzugefügt, angepasst, ersetzt oder entfernt werden ohne vorher festgelegten Verfahren zu folgen.

4. *Statusnachweis und Reporting* – Der Lebenszyklus einer Komponente ist in verschieden Phasen eingeteilt. Zum Beispiel: Entwicklung oder Entwurf, genehmigt oder abgelehnt. Die Phasen durch die die einzelnen CIs gehen, müssen klar dokumentiert und ihr Status muss überwacht werden.

5. *Verifizierung und Audit* – SACM führt Audits durch, um sicherzustellen, dass es zu keinen Unstimmigkeiten zwischen der dokumentierten Baseline und der jetzigen Situation kommt; und dass die Release- und Configuration-Dokumentation vorliegt bevor das Release ausgerollt wird.

5.7   Release and Deployment Management

Einführung

Das Release and Deployment Management sorgt für die Build-Erstellung und das Testen und stellt zudem alle Fähigkeiten bereit, um die vom Service Design spezifizierten Services anbieten zu können.

Es ist zwar dafür verantwortlich, dass adäquate Tests durchgeführt werden, das eigentliche Testen findet jedoch als Teil des Service-Validation-and-Testing-Prozesses statt. Die Autorisierung von Changes fällt nicht in den Verantwortungsbereich des Release and Deployment Management. Diese Aufgabe übernimmt das Change Management in verschiedenen Phasen des Lebenszyklus eines Release.

Grundbegriffe

Ein *Release* besteht aus ein oder mehreren Changes an einem IT-Service, für die Build-Erstellung, Testen und Deployment in einem abgewickelt werden. Ein einzelnes Release kann Changes an Hardware, Software, Dokumentation, Prozessen und anderen Komponenten enthalten.

Eine *Release Unit* ist Teil des Service oder der Infrastruktur, auf die sich ein Release bezieht, und muss die Release-Richtlinien der Organisation befolgen.

Ein *Release Package* ist eine einzelne Release Unit oder eine (strukturierte) Sammlung von Release Units, für die Build-Erstellung, Testen und Deployment in einem Release erfolgt. Alle Elemente, aus denen der Service besteht, z. B. Infrastruktur, Hardware, Software, Anwendungen, Dokumentation und Wissen, müssen angemessen berücksichtigt werden.

Beim *Release Design* müssen unterschiedliche Aspekte in Bezug auf das Release Deployment beachtet werden. Für das Deployment werden folgende Optionen am häufigsten gewählt: Big Bang vs. phasenweise, Push und Pull, automatisiert oder manuell.

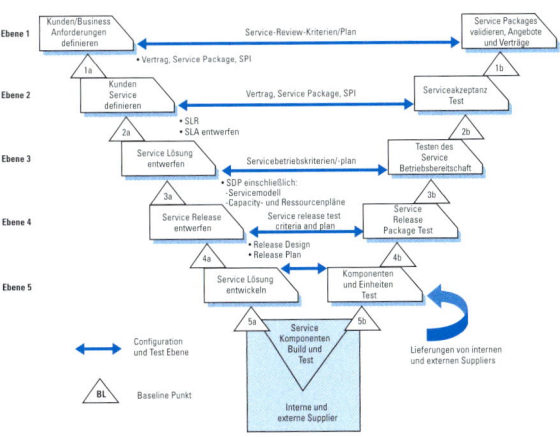

Abbildung 5.4 Das V-Servicemodell
Quelle: the Cabinet Office

Das *V-Modell* (Abbildung 5.4) ist ein sinnvolles Hilfsmittel, um die unterschiedlichen Configuration Level für Entwicklung und Tests festzulegen. In diesem Beispiel beginnt die linke Hälfte des V mit den Servicespezifikationen und endet detailliert in Service Design. Die rechte Seite des V spiegelt die Testaktivitäten wieder anhand derer die Spezifikation der linken Seite überprüft werden. In der Mitte befinden sich die Test- und Bewertungskriterien (siehe 5.8 Service Validation and Testing).

Aktivitäten

Die Prozessaktivitäten des Release and Deployment Management sind:

1. *Release- und Deployment-Planung* – Vor dem Deployment in der Produktion werden verschiedene Pläne erstellt. Typ und Anzahl hängt von der Größe und Komplexität der Umgebung und dem geänderten oder neuen Service ab. Bevor eine Genehmigung für die Building- und Testing-Phase erteilt werden kann, werden das Service und Release Design mit den Anforderungen der neuen oder geänderten Services verglichen (Validation). Logistik und Lieferpläne müssen vorbereitet werden. Der gewählte Ansatz kann Pilottests beinhalten. Diese Phase fällt in den Verantwortungsbereich des Change Management.

2. *Build-Erstellung und Testen von Releases* – Für das Release Package wird ein Build erstellt, Tests finden statt, und das Paket wird in die Definitive Media Library (Maßgebliche Medienbibliothek, DML) eingecheckt. Die Build- und Test-Phase eines Release besteht aus dem Management der (allgemeinen) Services und Infrastruktur; dem Anwenden der Release- und Building -Dokumentation; der Beschaffung, Kauf und dem Testen der Komponenten für das Release; der Release-Zusammenstellung (Release Packaging); dem Überwachen der Testumgebung. Das Testmanagement ist verantwortlich für die Koordination der Testaktivitäten und der Planung und Überwachung der Implementierung. Anhand von Tests (Bereitschaftsbewertung) wird festgestellt, inwieweit jedes Deployment Team auf das Deployment vorbereitet ist. Diese Phase fällt in den Verantwortungsbereich des Change Management.

3. *Deployment* – Das Release Package in der DML wird an die Live-Umgebung übergeben. Folgende Aktivitäten

spielen beim Deployment eine wichtige Rolle: der Transfer finanzieller Assets, Transfer und Übergang von Business und Organisation, Transfer von Service-Management-Ressourcen, Transfer des Service, Deployment des Service, Stilllegung von Services, Entfernung nicht mehr benötigter Assets. Wenn alle Deployment-Aktivitäten abgeschlossen sind, muss verifiziert werden, dass alle Stakeholder den Service in der vorgesehenen Weise nutzen können. Diese Phase fällt in den Verantwortungsbereich des Change Management und endet mit der Übergabe an die Service Operation und den Early Life Support. Der Early Life Support (ELS) bietet zusätzliche Unterstützung nach dem Deployment eines neuen oder geänderten Service.

4. *Review und Abschluss* – Während des Review wird überprüft ob der Wissenstransfer und das Training angemessen waren; alle User-Erfahrungen dokumentiert sind; alle korrigierenden Maßnahmen und Changes beendet und alle Probleme, Known Errors und Workarounds dokumentiert sind und die Qualitätskriterien angewandt wurden.

5.8 Service Validation and Testing

Einführung

Das Testen von Services während der Service-Transition-Phase stellt sicher, dass neue oder geänderte Services *fit for purpose (Utility)* und *fit for use (Warranty)* sind.

Das Ziel von Service Validation and Testing (Abbildung 5.5) ist es genau diesen Mehrwert sicherzustellen, der vereinbart ist und erwartet wird. Wird nicht richtig getestet, werden zusätzliche Incidents, Probleme und Kosten entstehen.

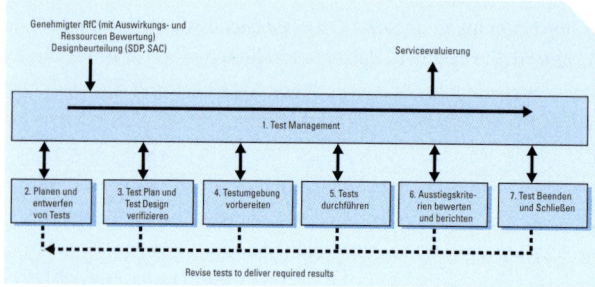

Abbildung 5.5 Service Validation and Testing
Quelle: the Cabinet Office

Grundbegriffe

Das *Servicemodell* beschreibt die Struktur und die Dynamik
eines von der Service Operation bereitgestellten Service. Die
Struktur besteht aus Haupt- und unterstützenden Services
und Service Assets. Wird ein neuer oder geänderter Service
entworfen, entwickelt und gebaut, werden diese Service Assets
auf Design-Spezifikationen und -Anforderungen getestet.
Aktivitäten, Ressourcenfluss, Koordination und Interaktionen
beschreiben die Dynamik.

Die *Teststrategie* definiert den Testansatz und die Bereitstellung
der benötigten Ressourcen.

Ein *Testmodell* besteht aus einem Test Plan, dem zu testenden
Objekt und Test Scripts, die die Methode beschreiben, die für
jedes Element angewandt werden muss.

Das *Service Design Package (SDP)* definiert die *Entry- und Exit-
Kriterien* für alle Testbetrachtungen.

Wenn *Testmodelle*, wie das *V-Modell* (siehe Abbildung 5.4)
verwendet werden, wird das Testen sehr früh ein Teil des
Servicelebenszyklus.

Zweckmäßig bedeutet, dass der Service das tut was der Kunde
von ihm erwartet, so dass der Service das Business unterstützen
kann. *Einsatzfähig* betrachtet Aspekte der Verfügbarkeit,
Kontinuität, Kapazität und Sicherheit eines Service.

Zusätzlich zu allen anderen Arten von funktionalen und
nicht-funktionalen Testarten ist auch ein Rollenspiel möglich
(Zielgruppen orientiert).

Aktivitäten

Folgende Test Aktivitäten werden unterschieden:

1. *Validation und Test Management* – Test Management
   besteht aus Planen und Steuern (Control) und aus dem
   Reporting über die Aktivitäten, die während der Test-Phase
   durchgeführt werden.
2. *Planung und Design* – Testplanung und Design-Aktivitäten
   finden sehr früh im Service Lifecycle statt, und beziehen
   sich auf Ressourcen, unterstützende Services, Meilensteine,
   Lieferung und Akzeptanz.
3. *Verifizierung des Test Plans und Design* – Testpläne und
   Designs werden verifiziert, um sicher zu gehen, dass alles
   vollständig (incl. scripts) ist, und dass die Testmodelle das
   Risikoprofil des in Frage kommenden Services und aller
   möglichen Schnittstellen ausreichend abbilden.
4. *Vorbereitung der Testumgebung* – Vorbereiten und setzen
   einer Baseline für eine Testumgebung.

5. *Testen* – Tests werden mit manuellen oder automatisierten Testtechniken durchgeführt. Die Tester zeichnen alle Ergebnisse auf.
6. *Bewerten der Exit-Kriterien und Report* – Die aktuellen Ergebnisse werden mit den geplanten verglichen. (Exit-Kriterien).
7. *Clean up und Closure* – Sicherstellen, dass die Testumgebung wieder sauber ist. Den Testansatz bewerten und Verbesserungselemente bestimmen.

5.9 Change Evaluation

Einführung

Mit dem Change-Evaluation-Prozess kann die Leistung eines Service Change bestimmt werden. Entscheidend sind in diesem Kontext die wahrscheinlichen Auswirkungen des Change auf die Geschäftsergebnisse, auf aktuelle und vorgeschlagene Services und auf die IT-Infrastruktur. Die tatsächliche Leistung eines Change wird mit der prognostizierten Leistung verglichen und auf Basis dieses Vergleichs bewertet. Mit dem Change verbundene Risiken und Probleme werden identifiziert und gemanagt.

Der Change Evaluation Prozess liefert einen wichtigen Input für die Continual Service Improvement (CSI) Phase und trägt wesentlich zur zukünftigen Verbesserung der Serviceentwicklung und des Change Management bei (Abbildung 5.6).

Grundbegriffe

Ein *Change-Evaluation-Bericht* beinhaltet ein Risikoprofil, Berichte über Abweichungen, Aussagen zur Qualität und Plausibilität (wenn notwendig), und Empfehlungen (um einen Change zuzulassen oder abzulehnen).

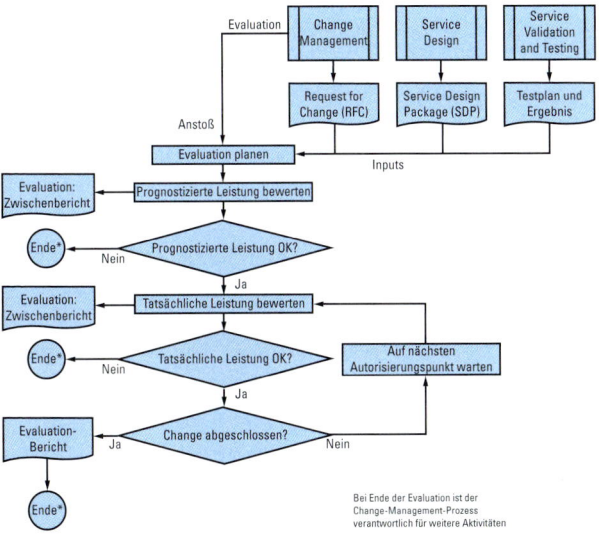

Abbildung 5.6 Change Evaluation
Quelle: the Cabinet Office

Die *prognostizierte Leistung* eines Service ist die erwartete Leistung. Die *tatsächliche Leistung* ist die Leistung, die auf einen Change folgt.

Aktivitäten

Der Evaluation-Prozess besteht aus folgenden Aktivitäten:

1. *Planung der Change Evaluation* – Das Planen einer Evaluation beinhaltet die Analyse beabsichtigter und unbeabsichtigter Change-Effekte.
2. *Evaluierung der prognostizierten Leistung* – Auf Grundlage der Kundenanforderungen, der vorausgesagten Leistung und des Leistungsmodells wird eine Risikobewertung durchgeführt. Sollte die Change-Evaluierung zeigen, dass die

vorausgesagte Performance ein unakzeptables Risiko für den Change darstellt oder von den Akzeptanzkriterien abweicht, wird eine Interimsbewertung an das Change Management gesandt. Alle Aktivitäten werden bis zu einer Entscheidung des Change Managements eingestellt.

3. *Evaluieren der tatsächlichen Leistung* – Nach der Implementierung des Service Changes berichtet Service Operation über die tatsächliche Leistung des Service. Basierend auf den Kundenanforderungen wird eine zweite Risikobewertung der prognostizierten Leistung und des Leistungsmodells durchgeführt. Eine neue Interimsbewertung wird an das Change Management verschickt, sollte die Evaluierung zeigen, dass die tatsächliche Leistung ein unakzeptables Risiko darstellt. Während auf eine Entscheidung des Change Management gewartet wird, werden alle Change-Evaluation-Aktivitäten eingestellt.

War die Change Evaluation erfolgreich wird ein Bericht an das Change Management gesendet.

5.10   Knowledge Management

Einführung

Knowledge Management verbessert die Qualität der Entscheidungsfindung indem es sicherstellt, dass verlässliche und sichere Information während des Servicelebenszyklus bereitgestellt werden.

Um Wissen effektiv an andere weiter- und freigeben zu können, ist die Entwicklung und Pflege eines Service Knowledge Management System (SKMS) erforderlich (Abbildung 5.7).

Das System ist für alle Stakeholder zugänglich und bedient alle Informationsanforderungen.

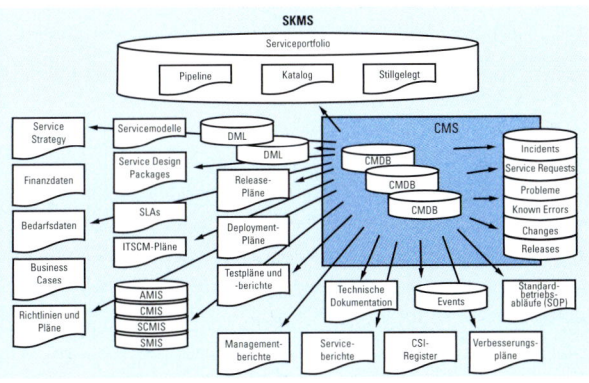

Abbildung 5.7 Service Knowledge Management System
Quelle: the Cabinet Office

Grundbegriffe

Knowledge Management wird oft in der *DIKW*-Struktur dargestellt: Data-Information-Knowledge-Wisdom. Quantitative Daten aus Kennzahlen werden in qualitative Informationen übersetzt. Indem man Information mit Erfahrung, Kontext, Interpretation und Reflexion verbindet, erwirbt man Wissen. Schlussendlich wird das Wissen genutzt, um die richtigen Entscheidungen zu treffen.

Die Grundlage des *Service Knowledge Management System (SKMS)* basiert auf einer beträchtlichen Menge Daten in einen oder mehreren Configuration Management Databases (CMDB) die ein Teil des Configuration Management Systems (CMS) sind. Das CMS gibt Input für das SKMS und unterstützt damit den Entscheidungsfindungsprozess. Allerdings geht der Umfang des

SKMS weiter. Es werden auch Informationen gespeichert die folgende Themen berühren:

- Die Erfahrung und Fertigkeiten der Mitarbeiter
- Informationen über Randthemen wie User-Verhalten und die Performance der Organisation
- Anforderungen und Erwartungen der Lieferanten und Partner

Es gibt eine Vielzahl von Techniken zum Wissenstransfer, wie bestimmte Lernstile, Knowledge-Visualisierung, Seminare, Werbung, Newsletter, Zeitungen.

Aktivitäten

Knowledge Management besteht aus folgenden Aktivitäten, Methoden und Techniken:

1. *Knowledge-Management-Strategie* – Eine Organisation braucht eine allgemeine Knowledge-Management-Strategie. Ist eine solche Strategie bereits vorhanden, kann die Service-Management-Knowledge-Strategie damit verlinkt werden. Die Knowledge-Management-Strategie beschäftigt sich hauptsächlich mit dem Identifizieren und Dokumentieren von Wissen und spürt Daten und Informationen auf, die dieses Wissen unterstützen.

2. *Wissenstransfer* – Der Transfer von Wissen ist eine herausfordernde Aufgabe die zunächst einmal eine Analyse beinhaltet, die die Knowledge-Lücke zwischen den Abteilungen oder Personen, die über das Wissen verfügen, und jenen die es benötigen, beschreibt. Das Ergebnis dieser Analyse ist ein Kommunikationsplan (Verbesserungsplan), der den Wissenstransfer unterstützt.

3. *Management von Daten, Informationen und Wissen* – Daten- und Informationsmanagement umfassen folgende

Aktivitäten: Daten- und Informationsanforderungen erheben; definieren der Informationsarchitektur; Daten- und Information-Management-Verfahren festlegen; Bewertung und Verbesserung.

4. *Nutzung des SKMS* – Das Bereitstellen von Services an Kunden in unterschiedlichen Zeitzonen und Regionen und mit unterschiedlichen Betriebszeiten ist eine zwingende Anforderung das Wissen zu teilen. Aus diesem Grund muss ein SKMS entwickelt und gepflegt werden, das allen Stakeholdern zur Verfügung steht und alle Informationsanforderungen abdeckt.

5.11 Organisation

Service Transition wird aktiv gemanagt vom *Service Transition Manager.* Der Service Transition Manager ist für das tägliche Management und die Kontrolle der Service Transition Teams und deren Aktivitäten verantwortlich.

Zu den allgemeinen Rollen gehören:
* *Process Owner (Prozessverantwortlicher)* – Der Prozess Owner stellt sicher, dass alle Prozessaktivitäten ausgeführt werden.
* *Service Owner (Serviceverantwortlicher)* – Der Service Owner ist gegenüber dem Kunden für den Start, die Überführung und die Wartung eines Service verantwortlich.

Wichtig sind für die Service Transition auch folgende Rollen:
* Service Asset Manager
* Configuration Manager
* Change Manager
* Deployment Manager
* Configuration Analyst

- Configuration Management System Manager
- Risk Evaluation Manager
- Service Knowledge Manager

Zu den Verantwortlichkeitsbereichen gehören:
- Unterstützung von Tests
- Early Life Support
- Management von Build- und Testumgebungen
- Change Advisory Board (CAB)
- Configuration Management Team

5.12 Methoden, Techniken und Tools

Technologie spielt eine wichtige Rolle für die Service Transition. Es können zwei Arten von Technologien unterschieden werden:
- *IT-Service-Management-Systeme* – Hierzu gehören Unternehmens-Frameworks, die durch die Vernetzung mit CMS und anderen Tools Integrationsmöglichkeiten bieten, des Weiteren System-, Netzwerk- und Application Management Tools sowie Service-Dashboards und Berichts-Tools.
- *Spezielle ITSM-Technologie und -Tools* – Hier sind Service-Knowledge-Management-Systeme und Kollaborations-Tools zu nennen, außerdem Tools für Messung, Berichterstattung, Test(management), Publishing sowie Release- und Deployment-Technologien.

5.13 Implementierung und Betrieb

Die Implementierung einer Service Transition „auf der grünen Wiese", also von Null an, ist nur bei einem neuen Service Provider wahrscheinlich. Die meisten Service Provider legen den Fokus auf die Verbesserung der bestehenden Service Transition

(Prozesse und Services). Bei der Verbesserung der Service Transition spielen folgende Aspekte eine wichtige Rolle:

1. *Rechtfertigung* – Zeigt den Nutzen einer effektiven Service Transition für das Business, von dem alle Stakeholder profitieren.

2. *Design* – Berücksichtigt werden müssen beim Design Faktoren wie Standards und Richtlinien, Wechselbeziehungen zu anderen unterstützenden Services, Projekt- und Programmmanagement, Ressourcen, alle Stakeholder, Budgets und Finanzmittel.

3. *Einführung* – Eine verbesserte oder neu implementierte Service Transition darf nicht auf aktuelle Projekte angewendet werden.

4. *Kulturelle Aspekte* – Auch die Formalisierung bestehender Verfahren führt zu einem kulturellen Wandel in einer Organisation. Dies darf auf keinen Fall vergessen werden.

5. *Risiken und Vorteile* – Bevor Entscheidungen bezüglich der Einführung oder Verbesserung einer Service Transition getroffen werden, sollten die zu erwartenden Risiken und Vorteile gegeneinander abgewogen werden.

Input/Output von Wissen und Erfahrung fließen in die Service Transition ein und aus ihr heraus. Ein Beispiel hierfür ist die Service Operation und die Service Transition teilen praktische Erfahrungen darüber, wie sich ähnliche Services in der Produktionsumgebung verhalten. Die Erfahrungen aus der Service Transition liefern Input für die Bewertung der Designs aus dem Service Design. Wie Prozesse in einem Prozessmodell schaffen alle Phasen des Lebenszyklus Outputs, die einer anderen Phase des Lebenszyklus als Inputs dienen.

Für eine erfolgreiche Service Transition müssen unterschiedliche Herausforderungen gemeistert werden:

- Berücksichtigung der Bedürfnisse aller Stakeholder
- Herstellen eines Gleichgewichts zwischen einer stabilen Betriebsumgebung und einer ausreichenden Reaktionsfähigkeit auf sich ändernde Geschäftsanforderungen
- Aufbau einer Kultur, die offen ist für Zusammenarbeit und kulturellen Wandel
- Sicherung der Servicequalität in Abstimmung auf die geschäftlichen Erfordernisse
- Eindeutige Definition von Rollen und Verantwortlichkeiten

Zu den potenziellen Risiken der Service Transition gehören:

- Demotivation der Mitarbeiter
- Unvorhergesehene Kosten
- Übermäßig hohe Kosten
- Widerstand gegen Veränderungen
- Mangelnde Bereitschaft, Wissen zu teilen
- Schlechte Integration zwischen Prozessen
- Unzureichende Reife und Integration von Systemen und Tools

6 Lebenszyklusphase: Service Operation

6.1 Einführung

Die Service-Operation-Phase beinhaltet die Koordination und Ausführung aller Aktivitäten und Prozesse, die erforderlich sind, um Services gemäß den vereinbarten Service Levels für Business-Anwender und Kunden bereitzustellen und zu managen. Die Service Operation ist darüber hinaus für das Management der Technologie verantwortlich, die für die Bereitstellung und die Unterstützung von Services eingesetzt wird.

Service Operation ist eine entscheidende Phase im Servicelebenszyklus. Wenn der tägliche Betrieb dieser Prozesse nicht korrekt durchgeführt, gesteuert und gemanagt wird, sind sorgfältig geplante und implementierte Prozesse wenig nutzbringend. Ebenso wenig sind Serviceverbesserungen möglich, wenn die täglichen Aktivitäten zur Leistungsüberwachung, Bewertung von Messgrößen und Sammlung von Daten während der Service Operation nicht systematisch durchgeführt werden.

6.2 Grundbegriffe

Die Service Operation ist für die Ausführung von Prozessen verantwortlich, die die Kosten und die Qualität eines Service im Service Management Lebenszyklus optimieren. Als Teil der Organisation muss die Service Operation sicherstellen, dass der Kunde (das Business) seine Ziele erreicht. Darüber hinaus muss die Service Operation für einen effektiven Betrieb der Komponenten sorgen, die den Service unterstützen.

Wichtiges Ziel der Service Operation ist das Herstellen verschiedener Gleichgewichte:

- Bei der Auseinandersetzung mit Konflikten soll einerseits der Status quo gewahrt werden, andererseits muss auf Änderungen in der Geschäfts- und Technologieumgebung angemessen reagiert werden. Die Service Operation muss versuchen, eine Balance zwischen Konflikten und deren Lösungen herzustellen.
- Ausgeglichenes Verhältnis zwischen Stabilität und Reaktionsfähigkeit. Zum einen muss die Service Operation sicherstellen, dass die IT-Infrastruktur stabil und verfügbar ist. Und zum anderen darf sie nicht vergessen, dass das Business Änderungen braucht, die als normal akzeptiert werden müssen.
- Optimale Balance zwischen Kosten und Qualität. Die IT ist gefordert, die Servicequalität kontinuierlich zu verbessern und gleichzeitig die Kosten zu reduzieren oder zumindest auf niedrigem Niveau zu halten.
- Ausgewogenes Gleichgewicht zwischen reaktivem und proaktivem Verhalten. Eine reaktive Organisation wird erst dann aktiv, wenn sie durch einen Anstoß von außen gezwungen wird zu handeln. Eine proaktive Organisation ist ständig auf der Suche nach neuen Möglichkeiten, die aktuelle Situation zu verbessern. Proaktives Verhalten gilt in der Regel als positiv, weil sich die Organisation damit in einer sich ständig verändernden Umgebung einen Wettbewerbsvorteil sichern kann. Ein übermäßig proaktives Verhalten kann jedoch teuer werden und dazu führen, dass die Mitarbeiter vom Wesentlichen abgelenkt werden.

Es ist wichtig, dass die Service-Operation-Mitarbeiter in das Service Design und die Service Transition und ggf.

auch in die Service Strategy einbezogen werden. Dadurch wird die Kontinuität zwischen Geschäftsanforderungen, Technologiedesign und -betrieb verbessert und kann sichergestellt werden, dass operative Aspekte ausreichend berücksichtigt werden.

Kommunikation spielt eine wesentliche Rolle. IT-Teams und –Abteilungen sowie Anwender, interne Kunden und Service Operation Teams müssen effektiv miteinander kommunizieren. Eine gute Kommunikation kann Probleme verhindern.

6.3 Prozesse und andere Aktivitäten

Dieser Abschnitt erläutert die Prozesse und Aktivitäten der Service Operation. Eine Reihe von Schlüsselprozessen der Service Operation müssen vernetzt werden, um eine effektive Gesamtstruktur für die IT-Unterstützung zu schaffen.

Service-Operation-Prozesse:

- *Event Management* – Überwacht alle Events in der IT-Infrastruktur, um eine normale Performance sicherzustellen. Mithilfe automatisierter Prozesse können unvorhergesehene Geschehnisse verfolgt und eskaliert werden.
- *Incident Management* – Legt den Fokus auf die möglichst schnelle Wiederherstellung von Services, so dass ein Ausfall nur geringe Auswirkungen auf das Business hat.
- *Request Fulfilment* – Der Prozess zur Abwicklung von Service Requests (Serviceanfragen) seitens der Anwender, der einen Kanal, Informationen und die Erfüllung der Anfrage umfasst.
- *Problem Management* – Umfasst alle Aktivitäten, die zur Diagnose der zugrunde liegenden Ursachen von Incidents und zur Problemlösung erforderlich sind.

- *Access Management* – Der Prozess, bei dem autorisierten Anwendern Zugriff auf einen Service erteilt wird, während nicht autorisierten Anwendern der Zugriff verweigert wird.

Allgemeine Aktivitäten der Phase Service Operation:

- *Messung und Steuerung* – Basiert auf einem kontinuierlichen Zyklus aus Monitoring, Berichterstattung und eingeleiteten Maßnahmen. Dieser Zyklus ist für die Bereitstellung, Unterstützung und Verbesserung von Services von entscheidender Bedeutung.
- *IT-Betrieb* – Führt die täglichen operativen Aktivitäten aus, die für das Management der IT-Infrastruktur erforderlich sind.
- Es gibt eine Reihe operativer Aktivitäten, die sicherstellen, dass die Technologie auf die gesamten Service- und Prozessziele abgestimmt wird. Dazu gehören *Management und Support von Servern und Mainframes, Speicherung und Archivierung, Datenbankadministration, Management von Directory-Services, Support für Desktops und mobile Geräte, Middleware Management und Internet-/Web-Management.*
- Das *Facilities Management* und das *Rechenzentrumsmanagement* befassen sich mit dem Management der physischen Umgebung des IT-Betriebs, die in der Regel aus Rechenzentren oder Computerräumen besteht. Das Facilities Management umfasst beispielsweise Gebäudemanagement, Geräte-Hosting, Energieversorgungsmanagement sowie Warenausgang und -eingang.

6.4 Event Management

Einführung

Die Definition von *Event* lautet: „Eine Statusänderung, die für das Management eines Configuration Item oder IT-Service von Bedeutung ist." Der Begriff bezeichnet darüber hinaus einen Alarm oder eine Benachrichtigung durch einen IT-Service, ein CI oder ein Monitoring Tool. Bei Events müssen in der Regel die Mitarbeiter des IT-Betriebs aktiv werden, und häufig führen Events zur Erfassung von Incidents.

Das *Event Management* ist der Prozess, der alle in der IT-Infrastruktur auftretenden Events überwacht, um den normalen Betrieb zu gewährleisten und Ausnahmebedingungen erkennen und eskalieren zu können. Das Event Management kann automatisiert werden, um unvorhergesehene Umstände zu verfolgen und zu eskalieren.

Grundbegriffe

Events können klassifiziert werden als:

- *Events die eine normale Funktionsweise anzeigen* – Zum Beispiel Anwender, die sich gerade anmelden, um eine Anwendung zu nutzen.
- *Events die eine abnormale Funktionsweise zeigen* – Zum Beispiel ein Benutzer der versucht sich in die Anwendung mit einem falschen Passwort einzuloggen oder einem PC-Scan, der die Installation von unautorisierter Software offenlegt.
- *Events die eine ungebräuchliche aber nicht ungewöhnliche Funktionsweise signalisieren* – Sie können ein Indikator sein, dass die Situation etwas mehr Aufmerksamkeit erfordert. Zum Beispiel erreicht der Serverspeicher fünf Prozent des höchsten akzeptablen Grenzwerts.

Event Management kann auf jeden Service-Management-Aspekt angewendet werden, der behandelt werden muss und automatisiert werden kann.

Aktivitäten

Der Availability Management Prozess umfasst folgende Schlüsselaktivitäten:

1. *Ein Event tritt auf* – Events können jederzeit auftretentreten, aber nicht alle von ihnen werden entdeckt oder registriert. Deshalb ist es wichtig zu verstehen, welche Event-Typen entdeckt werden müssen.

2. *Event-Benachrichtigung* – Die meisten CIs sind so entworfen, dass sie spezielle Informationen über sich selbst über einen der folgenden Wege kommunizieren können:
   - Ein Management-Tool untersucht ein Gerät und sammelt spezifische Daten (dies wird auch als „polling" bezeichnet).
   - Das CI generiert eine Benachrichtigung, wenn bestimmte Bedingungen erfüllt sind.

3. *Event-Erkennung* – Ein Management Tool oder Agent entdeckt einen Event-Bericht, liest und interpretiert ihn.

4. *Event-Erfassung* – Ein Event und nachfolgende Aktionen werden als Event Record im Event Management Tool erfasst oder verbleiben einfach als Eintrag im Systemprotokoll des Geräts oder der Anwendung, von dem bzw. der das Event generiert wurde.

5. *Korrelation und Filterung von First-Level Events* – Geräte, die Events filtern, unabhängig davon, ob sie an ein Management Tool kommuniziert werden. Wenn der Event ignoriert wird, wird es gewöhnlich in einer Protokolldatei des Geräts erfasst, doch es werden keine weiteren Maßnahmen ergriffen. Dies geschieht normalerweise durch einen automatisierten Agent.

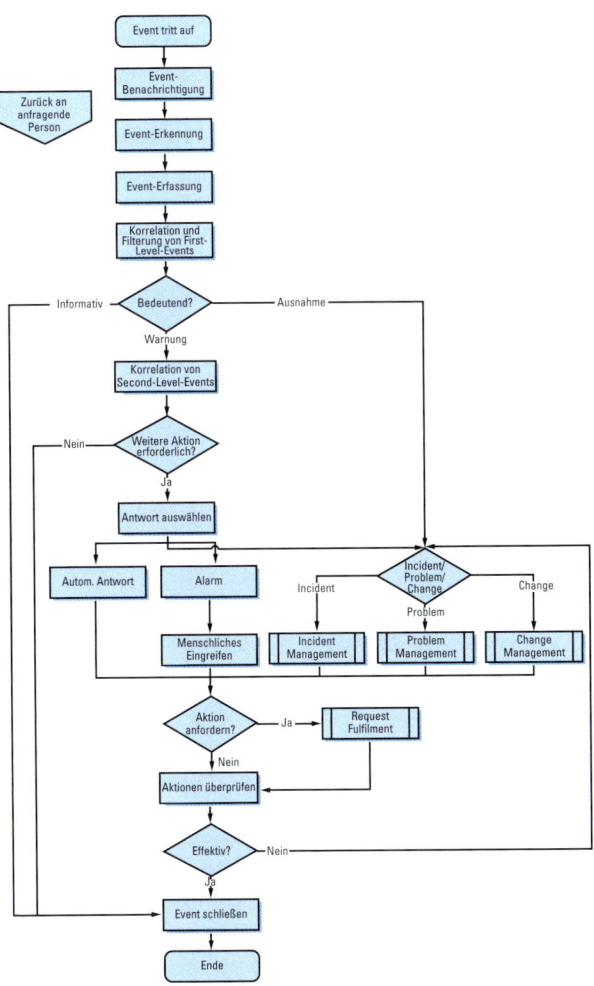

Abbildung 6.1 Event Management
Quelle: the Cabinet Office

6. *Relevanz von Events* – Der Event kann nach seiner Relevanz beispielsweise den Kategorien *informativ*, *Warnung* oder *Ausnahme* zugeordnet werden.

7. *Korrelation von Seond-Level Events* – Der Stellenwert des Events wird oft anhand von Geschäftsregeln bestimmt, um die Auswirkungen auf das Business zu ermitteln.

8. *Weitere Aktion erforderlich?* – Wenn der Event erkannt wird, ist eine Antwort erforderlich. Der Mechanismus zur Initiierung dieser Antwort wird als Anstoß bezeichnet.

9. *Auswahl der Antwort* – Die Antwort wird aus einer Vielzahl von Optionen ausgewählt. Dazu gehören: automatische Antwort, Alarm und Eingreifen durch Mitarbeiter, Einreichung eines RFC, Öffnen eines Incident Record, Öffnen eines Problem Record oder Zuordnen zu einem Problem Record.

10. *Überprüfen von Aktionen* – Alle relevanten Events oder Ausnahmen müssen auf eine korrekte Handhabung und auf Zählung der Event-Typen überprüft werden.

11. *Schließen des Events* – Der Event wird geschlossen. Einige Events bleiben offen bis spezifische Aktionen durchgeführt wurden.

Das Diagramm in Abbildung 6.1 stellt den Prozessfluss im Event Management dar.

Jeder Event-Typ ist in der Lage das Event Management auszulösen. Unter anderem beinhalten Trigger folgendes:

- Ausnahmen auf jedem Level der CI-Performance, die in den Entwurfspezifikationen, Operational Level Agreements oder Standardbetriebsverfahren geregelt sind.
- Eine Ausnahme in einem Geschäftsprozess der durch das Event Management überwacht wird.

- Eine Statusänderung in einem Geräts oder
  Datenbankeintrags.

6.5 Incident Management

Einführung

Der Incident-Management-Prozess kümmert sich um alle
Incidents. Das können Ausfälle, Fehler oder Programmierfehler
sein, die von Benutzern (generell via Anruf beim Service Desk)
oder von technischen Mitarbeitern gemeldet werden oder die
automatisch entdeckt und von überwachenden Tools angezeigt
werden.

Ein Incident kann wie folgt definiert werden: „Eine nicht
geplante Unterbrechung eines IT-Service oder eine
Qualitätsminderung eines IT-Service. Auch ein Ausfall eines
Configuration Item ohne bisherige Auswirkungen auf einen
Service ist ein Incident."

Zweck des Incident Management ist die möglichst schnelle
Wiederherstellung des *normalen Servicebetriebs* und die
Minimierung der negativen Auswirkungen auf den Geschäftsbetrieb, um die vereinbarten Level für die Servicequalität zu
erreichen. Der normale Servicebetrieb wird als operativer
Zustand definiert, in dem Services und CIs innerhalb ihrer
vereinbarten Service Level und Operational Level laufen.

Grundbegriffe

Beim Incident Management sollten folgende Elemente in
Betracht gezogen werden:

- *Zeitskalen* – Zeitlimits für alle Phasen vereinbaren und als
  Ziele in den Operational Level Agreements (OLAs) und
  Underpinning Contracts (UCs) verankern.

- *Incident-Modelle* – Ein Incident-Modell ist eine Möglichkeit, Stufen vorzudefinieren, die nötig sind, um einen Prozess (in diesem Fall die Abwicklung von bestimmten Incident-Typen) vereinbarungsgemäß zu durchlaufen. Die Nutzung von Incident-Modellen hilft dafür zu sorgen, dass Standard-Incidents innerhalb des vorgegebenen Zeitrahmens richtig gehandhabt werden.
- *Auswirkung* – Die Auswirkung (Impact) eines Incident auf die Geschäftsprozesse.
- *Dringlichkeit* – Ein Maß, das anzeigt, wie lange es dauert, bis der Incident einen spürbaren Einfluss auf einen Geschäftsprozess hat.
- *Priorität* – Ein Maß für die Wichtigkeit eines Incidents, basierend auf Auswirkung und Dringlichkeit.
- *Major Incidents* – Ein Major Incident ist ein Incident mit extremer Auswirkung auf die Benutzergemeinschaft. Major Incidents erfordern eine separate Prozedur, mit kürzeren Zeitrahmen und höherer Dringlichkeit. Major Incidents müssen definiert werden und bilden das Incident-Priorisierungssystem.

Manchmal bringt man den Major Incident mit einem Problem durcheinander. Wie auch immer, ein Incident bleibt immer ein Incident. Seine Auswirkung oder Priorität kann sich erhöhen; ein Incident wird aber niemals zu einem Problem. Ein Problem ist eine grundlegende Ursache von einem oder mehreren Incidents und ist stets getrennt von Incident zu behandeln und klar davon zu trennen.

Aktivitäten

Der Incident-Management-Prozess besteht aus den folgenden Schritten (Abbildung 6.2):

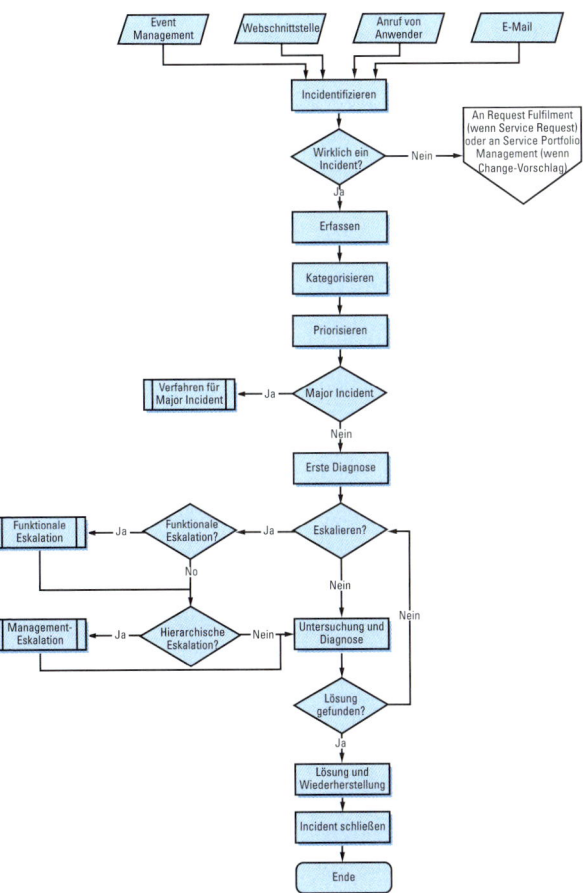

Abbildung 6.2 Incident Management
Quelle: the Cabinet Office

1. *Identifikation* – Der Incident ist entdeckt oder wurde gemeldet.

2. *Erfassung* – Ein Incident Record ist erstellt.

3. *Kategorisierung* – Der Incident ist gemäß Typ, Status, Auswirkung, Dringlichkeit, SLA usw. eingeordnet.

4. *Priorisierung* – Jeder Incident bekommt einen angemessenen Priorisierungscode, der entscheidet, wie ein Incident von Support Tools und Betreuungspersonal gehandhabt wird. Beispielsweise 1-5, wobei „1" kritisch ist und „5" den Status „geplant" angibt.

5. *Erste Diagnose* – Es wird eine Diagnose ausgeführt, mit der versucht wird, alle Symptome des Incidents zu ermitteln. Es findet ein Vergleich der Incident-Daten mit anderen Incidents, Problemen und Known Errors statt, um den Incident für eine schnellere Behebung entsprechend zuordnen zu können.

6. *Eskalation* – Wenn der Service Desk den Incident nicht lösen kann, wird der Incident für weitere Unterstützung eskaliert (*funktionale Eskalation*). Wenn Incidents schwerwiegender sind, muss der entsprechende IT-Leiter benachrichtigt werden (*hierarchische Eskalation*).

7. *Untersuchung und Diagnose* – Wenn es keine bekannte Lösung gibt, ist der Incident zu untersuchen.

8. *Lösung und Wiederherstellung* – Sobald die Lösung gefunden ist, kann der Status des Incident auf „gelöst"' gesetzt werden.

9. *Schließen* – Der Service Desk sollte überprüfen, ob der Incident vollständig und zur Zufriedenheit der Anwender gelöst ist und die Anwender mit dem Schließen des Incident einverstanden sind.

Für das erneute Öffnen von Incidents sollten Regeln vereinbart werden. Hierbei können auch vordefinierte Regeln (wie Zeitgrenzwerte) verwendet werden, die das neuerliche Öffnen auf einen kurzen Zeitraum nach dem Schließen des Incident eingrenzen.

6.6   Request Fulfilment

Einführung

Der Ausdruck Service Request wird als generelle Beschreibung für verschiedene Anfragen genutzt, die Benutzer bei der IT-Abteilung einreichen. Ein Service Request ist eine Anforderung eines Benutzers nach Informationen, Ratschläge, einen Standard-Change oder Zugriff auf einen Service.

Zum Beispiel kann ein Service Request eine Anforderung für eine Passwortänderung oder eine zusätzlichen Installation einer Softwareanwendung auf bestimmten Arbeitsstationen sein. Weil diese Anforderungen in regelmäßigen Abständen auftreten und ein geringes Risiko beinhalten, ist es besser, sie in einem separaten Prozess abzuhandeln.

Grundbegriffe

Viele Service Requests kehren in regelmäßigen Abständen wieder, was die Entwicklung vorab definierter *Request-Modelle* ermöglicht. Das ist der Grund, warum der Prozessablauf im Voraus festgelegt werden kann. Er legt die Phasen fest, die durchlaufen werden, um Requests von Einzelpersonen oder Support-Teams zu erfüllen, sowie die dazugehörigen Zeitlimits und Eskalationswege einzuhalten. Der Service Request wird üblicherweise als *Standard-Change* behandelt.

Die Einreichung von Service Requests wird durch Self-Service-Verfahren erleichtert, indem Anwender über eine Menüauswahl ein Service Management Tool für ihre Anfrage aufrufen können.

Wie alle anderen Anruftypen sollten auch Service Requests über ihren gesamten Lebenszyklus verfolgt werden, um eine adäquate Abwicklung und statusbasierte Berichterstattung sicherzustellen. Hierzu ist ein Registrierungssystem erforderlich, in dem Service Request Records in jeder Phase ihres Lebenszyklus beschrieben werden. Eine Anfrage kann folgenden Status haben: Entwurf, Wird geprüft, Ausgesetzt, Wartet auf Genehmigung, Abgelehnt, Abgebrochen, In Bearbeitung, Abgeschlossen und Geschlossen.

Um für eine adäquate Abwicklung zu sorgen, müssen Service Requests nach ihrer Priorität eingestuft werden, die beispielsweise auf Basis von Standardkriterien wie Auswirkung und Dringlichkeit festgelegt werden kann.

Konfliktsituationen können die Eskalation von Service Requests erfordern. Die Eskalationswege sollten in geeigneten Request-Modellen vordefiniert sein.

Da Service Requests Kosten verursachen, muss ihre Finanzierung im Vorfeld genehmigt werden. Die Kosten standardisierter Service Requests können vordefiniert werden, beispielsweise in SLAs. Aspekte rundum Abrechnung und Cross-Charging müssen ebenso berücksichtigt werden. Andere Vorgaben können ebenfalls eine Genehmigung erfordern, bevor der Service Request abgewickelt wird.

Wie andere operative Anruftypen können Service Requests direkt vom Service Desk bearbeitet werden oder an die zweite oder eine noch höhere Ebene weitergeleitet werden. In diesem Fall hat der Service Desk die Aufgabe, den Fortschritt der Anfrageabwicklung zu überwachen.

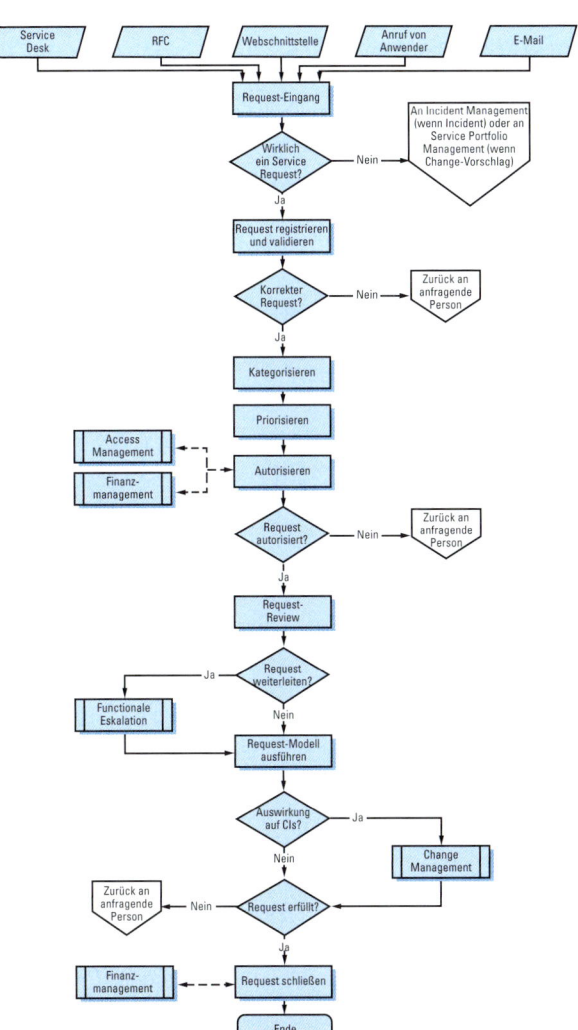

Abbildung 6.3 Request Fulfilment Prozessfluss
Quelle: the Cabinet Office

Vor dem Schließen sollten Service Requests geprüft werden, um sicherzustellen, dass alle Richtlinien erfüllt wurden.

Aktivitäten

Das Request Fulfilment beinhaltet folgende Aktivitäten:

1. *Eingang des Request* – Der Prozess sollte mit einer formalen Anfrage starten, die registriert und verwaltet werden kann. Der Request kann aus einer Vielzahl von Quellen stammen.

2. *Request-Erfassung und -Validierung* – Egal aus welcher Quelle die Anfrage stammt, jetzt sollte sie mit allen wichtigen Details wie eindeutige Nummer, Kategorie, Auswirkung, Dringlichkeit, Anfragender oder Autorisierung erfasst werden. Ähnliche Informationen werden auch für einen Incident oder einen RFC benötigt.

3. *Request-Kategorisierung* – Der Request-Typ sollte einer Kategorie zugeordnet werden, um seine Verarbeitung und die Bereitstellung von Managementinformationen zu erleichtern. Die Kategorien können auf dem zugrunde liegenden Service, dem Aktivitätstyp, dem Request-Typ, der betreffenden Funktion oder dem CI-Typ basieren.

4. *Request-Priorisierung* – Die Priorität des Service Request wird anhand der Gewichtung von Auswirkung und Dringlichkeit bestimmt, wie dies auch im Rahmen des Incident Management Prozesses geschieht.

5. *Request-Autorisierung* – Jeder Request muss autorisiert werden, bevor er verarbeitet werden kann. Wenn eine Autorisierung nicht möglich ist, muss die Anfrage mit einer Begründung an den Anfragenden zurückgesendet werden.

6. *Request Review* – Sobald der Request genehmigt wurde, muss er an die Funktion übergeben werden, die für sein Fulfilment sorgt. Dies ist oft der Service Desk, bei dem der Request

eingegangen ist, kann jedoch auch eine zweite oder noch höhere Ebene sein, an die er weitergeleitet wird.

7. *Request-Modellausführung* – Mithilfe von Request-Modellen wird der Service Request in einer wiederholbaren und konsistenten Art und Weise ausgeführt.

8. *Schließen des Request* – Die Kontrolle des Request Fulfilment obliegt, ähnlich wie beim Incident Management, dem Service Desk. Der Service Desk muss dafür Sorge tragen, dass der Request tatsächlich erfüllt wurde, alle administrativen Aktivitäten angemessen ausgeführt wurden, der Anfragende informiert wird und mit der Bereitstellung zufrieden ist und dass der Service Request Record formal geschlossen wird.

Für das erneute Öffnen von Service Requests sollten Regeln vereinbart werden. Hierbei können auch vordefinierte Regeln (wie Zeitgrenzwerte) verwendet werden, die das neuerliche Öffnen auf einen kurzen Zeitraum nach dem Schließen des Requests eingrenzen.

6.7 Problem Management

Einführung

Ein *Problem* wird wie folgt definiert: „Die unbekannte Ursache für einen oder mehrere Incidents."

Das Problem Management ist verantwortlich für die Kontrolle des Lebenszyklus aller Probleme. Das erste Ziel des Problem Management ist es Probleme und Incidents zu verhindern, das Eliminieren von sich wiederholenden Incidents und die Auswirkung eines Incidents zu minimieren, der nicht verhindert werden konnte.

Grundbegriffe

Probleme sollten in einem separaten, vom Incident Management unabhängigen System verwaltet werden.

Die *Ursache* eines Incidents ist der Fehler einer Servicekomponente, der den Incident auftreten lies.

Ein *Workaround* ist ein Weg die Auswirkung eines Incidents oder Problems zu reduzieren oder zu eliminieren, für den eine umfassende Lösung noch nicht verfügbar ist.

Ein *Known Error* ist ein Problem, das eine dokumentierte Ursache und eine Übergangslösung (Workaround) hat. Wenn eine neue Anwendung, ein neues System oder ein neues Release Fehler enthält, die vor der Einführung in die Live-Umgebung nicht behoben werden können, werden diese als Known Errors registriert.

Zusätzlich zur Bereitstellung einer *Known Error Database (KEDB)* für eine schnellere Diagnose, könnte die Schaffung eines Problem-Modells zur Handhabung zukünftiger Probleme nützlich sein. Dieses Standardmodell unterstützt die notwendigen Schritte, die Verantwortlichkeiten der Beteiligten und die notwendigen Zeitskalen.

Das Problem Management (Abbildung 6.4) besteht aus reaktiven und proaktiven Aspekten:

* *Reaktives Problem Management* – Analyse und Lösen der Ursachen als Reaktion auf einen oder mehrere Incidents. Das reaktive Problem Management wird innerhalb von Service Operation ausgeführt.
* *Proaktives Problem Management* – Aktivitäten, die zukünftige Probleme/Incidents entdecken und verhindern,

bevor weitere Incidents in Verbindung dazu auftreten können. Proaktives Problem Management beinhaltet die Identifikation der Trends und potentieller Schwächen. Es wird durch die Service Operation initiiert, aber üblicherweise vom CSI angetrieben.

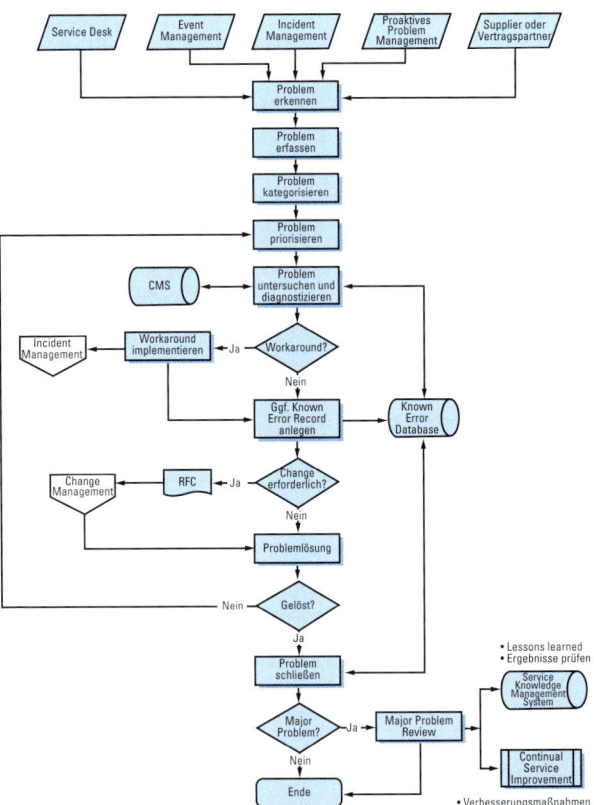

Abbildung 6.4 Problem Management
Quelle: the Cabinet Office

Aktivitäten

Das Problem Management beinhaltet folgende Aktivitäten:

- *Problemerkennung* – Die Problemerkennung kann reaktiv oder proaktiv sein, beispielsweise in Form einer Ursachenanalyse für einen Major Incident oder einer regelmäßigen Überprüfung der Incident-Daten.

- *Problemerfassung* – Alle Probleme müssen mit genügend Details erfasst werden, die den Prozess und eine spätere Abgleichung optimal unterstützen.

- *Problemkategorisierung* – Probleme sollten möglichst denselben Kategorien wie Incidents zugeordnet werden.

- *Problempriorisierung* – Probleme sollten nach denselben Prioritäten wie Incidents eingestuft werden. Es empfiehlt sich auch, dieselben Gründe und Prioritätscodes zu verwenden.

- *Problemuntersuchung und -diagnose* – Das vorliegende Problem muss untersucht werden, um die ihm zugrunde liegende Ursache zu diagnostizieren. Hierbei können hilfreich sein: chronologische Analysen, Kepner-Tregoe-Analysen, Brainstorming, Hypothesentests, technische Überwachungsstellen, Ishikawa-Diagramme und Pareto-Analysen.

- *Workarounds?* – Manchmal sind Workarounds bei der Bewältigung von Problemen hilfreich. Der Problem Record bleibt offen, und es wird weiter nach einer endgültigen Lösung des Problems gesucht.

- *Anlegen eines Known Error Record* – Sobald eine zugrunde liegende Ursache und ein Workaround gefunden und dokumentiert wurden, wird ein Known Error Record erstellt und mit dem Problem Record verknüpft. Der Known Error wird in der Known Error Datenbank (KEDB) registriert.

- *Problemlösung* – Sobald für die zugrunde liegende Ursache eine Lösung gefunden wurde, wird das Problem aufgehoben, meist in Form eines Change.
- *Schließen des Problems* – Wenn das Problem endgültig gelöst ist, können der Problem Record und alle zugehörigen offenen Incident Records geschlossen werden, nachdem sie dokumentiert wurden. Der Status zugehöriger Known Error Records wird aktualisiert, um darauf hinzuweisen, dass die Lösung angewendet wurde.
- *Review für schwerwiegende Probleme* – Nach dem Abschluss eines schwerwiegenden Problems sollte umgehend ein Review durchgeführt werden, um alle daraus resultierenden wichtigen Erkenntnisse nutzbar zu machen.

6.8   Access Management

Einführung

Access Management bewilligt autorisierten Benutzern das Recht den Service zu nutzen und verweigert unautorisierten Benutzern den Zugang. Manche Organisationen bezeichnen dies als „Rights Management" oder „Identity Management".

Access Management kann durch eine Anzahl an Mechanismen initialisiert werden, zum Beispiel durch eine Serviceanforderung beim Service Desk.

Grundbegriffe

Im Access Management werden folgende Grundbegriffe verwendet:

- *Zugang* – Verweist auf den Level und Umfang der Funktionalität des Service oder der Daten, die einem Benutzer erlaubt sind zu nutzen. Dieser wird durch die

Sicherheitsrichtlinien des Informationsmanagements gesteuert und bestimmt.

- *Identität* – Verweist auf Informationen über Mitarbeiter, die die Organisation als Individuen ansieht; bezeichnet ihren Status in der Organisation.
- *Rechte* – Rechte werden auch Privilegien genannt. Sie verweisen auf die derzeitigen Einstellungen der Benutzerrechte bzw. auf den Service (Gruppe) den sie nutzen dürfen. Typische Rechte beinhalten das Lesen, Schreiben, Ausführen, Bearbeiten und das Löschen.
- *Service oder Servicegruppen* – Die meisten Benutzer haben Zugang zu verschiedenen Services; es ist daher effektiver jedem Benutzer oder jeder Benutzergruppe Zugang zu vollständigen Serien von Services zu gewähren, welche sie gleichzeitig nutzen können-
- *Directory-Service* – Verweist auf einen speziellen Typ von Tool, welches den Zugang und die Rechte verwaltet.

Aktivitäten

Das Access Management beinhaltet folgende Aktivitäten:

- *Zugangsanforderung* – Ein Zugang (oder befristeter Zugang) kann durch eine Vielzahl von Mechanismen angefordert werden, wie durch einen Standard-Request von der Personalabteilung; einen Request for Change (RFC), einen RFC übermittelt per Request-Fulfilment-Prozess, Abwicklung eines autorisierten Skripts oder einer Option.
- *Verifizieren* – Das Access Management muss jede Zugangsanforderung für einen IT-Service aus zwei Perspektiven überprüfen:
  - Sind die Anwender die einen Zugang anfordern wirklich die Personen die sie angeben zu sein?

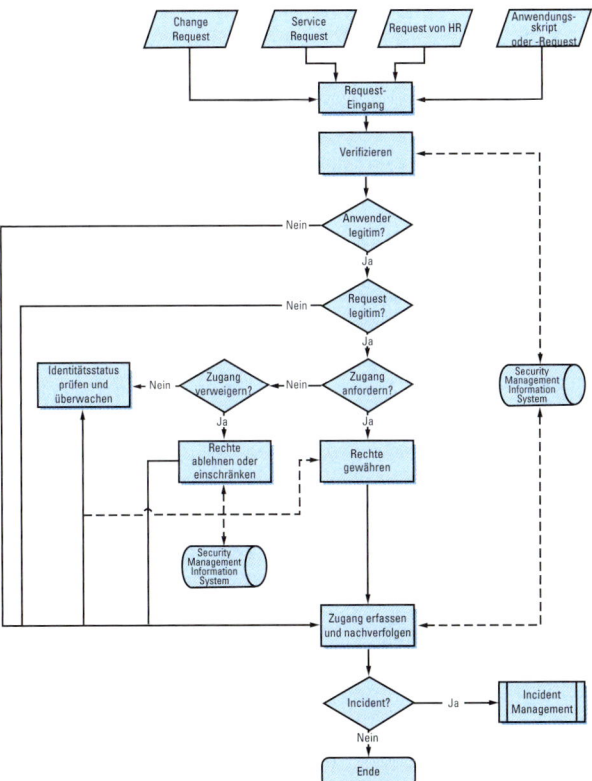

Abbildung 6.5 Access Management Prozessfluss
Quelle: the Cabinet Office

- – Haben die Anwender einen legitimen Grund diesen
  Service zu nutzen?
- • *Gewährung der Rechte* – Gibt verifizierten Anwendern
  Zugang zu den IT-Services. Access Management entscheidet
  nicht, wer Zugang zu welchem IT-Service hat; es führt die

Richtlinien und die Regeln aus, die von der Service Strategy und dem Service Design definiert wurden.

- *Prüfung und Überwachung des Identitätsstatus* – Access Management geht nicht nur auf Anforderungen ein, es muss ebenfalls dafür sorgen, dass alle Rechte die es gewährt richtig genutzt werden. Anwenderrollen können über die Zeit variieren. Veränderungen, wie Änderungen im Tätigkeitsfeld, Beförderung, Entlassungen, Pensionierung sind Vorfälle die beachtet werden müssen.

- *Erfassen und Nachverfolgen des Zugangs* – Dies ist der Grund, warum die Zugangsüberwachung und Kontrolle der Überwachungsaktivitäten aller Technical und Application-Management-Funktionen, wie auch in allen Service-Operation-Prozessen, enthalten sein muss.

- *Einschränken und Ablehnen von Rechten* – Zusätzlich zu der Gewährung von Rechten an einen Service, ist das Access Management auch verantwortlich für das Zurückziehen von Rechten, es kann aber nicht die eigentliche Entscheidung treffen.

6.9   Allgemeine Service-Operation-Aktivitäten

Neben den fünf Service-Operation-Prozessen besteht eine Reihe von operativen Aktivitäten, die sicherstellen, dass die Technologie mit dem übergeordneten Service- und Prozesszielen abgestimmt ist. Diese Aktivitäten sind in der Regel eher technischer Natur und unterstützen die routinemäßige operative Bereitstellung von IT-Services.

Monitoring und Steuerung

Die Messung und Steuerung von Services basiert auf einem kontinuierlichen Zyklus aus Monitoring, Berichterstattung und nachfolgend eingeleiteten Maßnahmen. Dieser Zyklus ist grundlegend bei der Versorgung, Unterstützung und Verbesserung der Services und liefert die Basis zum Festlegen einer Strategie, zum Entwerfen und Testen von Services und zum Erreichen sinnvoller Verbesserungen.

Drei Begriffe spielen eine übergeordnete Rolle in der Überwachung und Steuerung:

- *Überwachung (Monitoring)* – Verweist auf das Beobachten eines Zustandes, mit dem Ziel, Veränderungen, die sich im Laufe der Zeit ereignen, zu aufzudecken.
- *Berichterstattung (Reporting)* – Verweist auf die Analyse, die Produktion und die Verteilung der Ergebnisse einer Aktivität, die überwacht wird.
- *Steuerung (Control)* – Verweist auf das Management des Nutzens und Verhaltens eines Gerätes, System oder Service. Es gibt drei Voraussetzungen:
- Die Maßnahme muss sicherstellen, dass das Verhalten sich nach einem definierten Standard oder einer Norm richtet.
- Die Voraussetzungen, die zu einer Maßnahme führen, müssen definiert, nachvollziehbar und bestätigt sein.
- Die Maßnahme muss für diese Voraussetzungen definiert, genehmigt und geeignet sein.

Es gibt zwei Ebenen der Überwachung:
- *Interne Überwachung und Steuerung* – Fokussiert Aktivitäten oder Maßnahmen, die innerhalb eines Teams oder Bereiches stattfinden. Zum Beispiel ein Service Desk Manager, der die Anzahl der Anrufe überwacht, um zu entscheiden, wie viele Mitarbeiter gebraucht werden, um die Anrufe zu beantworten.
- *Externe Überwachung und Steuerung* – Obwohl jedes Team oder jeder Bereich für die Verwaltung seiner eigenen Bereiche

verantwortlich ist, handeln sie nicht unabhängig. Jedes Team oder jeder Bereich kontrolliert ebenso Einzelheiten oder Aktivitäten im Auftrag anderer Gruppen, Prozesse oder Funktionen. Das Server Management Team überwacht zum Beispiel die CPU-Performance auf wichtigen Servern und hält den Arbeitsaufwand unter Kontrolle. Das erlaubt wichtigen Anwendungen ihre Performance Ziele zu erreichen.

Das bekannteste Modell für die Beschreibung der Steuerung ist der Überwachungs-/Steuerungszyklus. Obwohl es ein einfaches Modell ist, beinhaltet es viele komplexe Anwendungen im IT Service Management. Abbildung 6.6 bietet einen

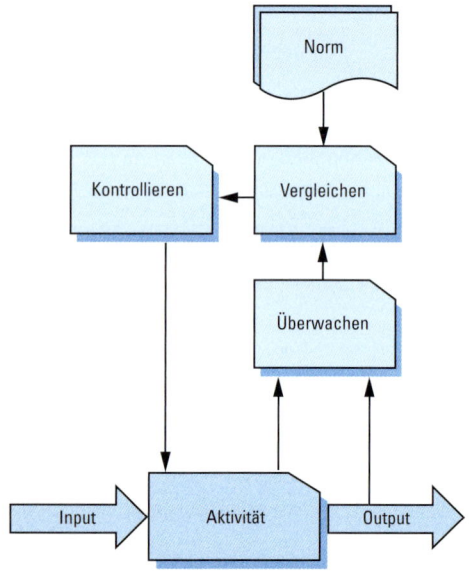

Abbildung 6.6 ITSM Überwachungs-/Steuerungszyklus
Quelle: the Cabinet Office

Überblick über die grundlegenden Prinzipien der Steuerung. *Systeme mit offenem Kreislauf* führen Aktivitäten unabhängig von Umgebungsbedingungen aus, während *Systeme mit geschlossenem Kreislauf* auf Änderungen in ihrer Umgebung reagieren.

Mit dem Überwachungs-/Steuerungszyklus kann Folgendes gemanagt werden:
- Leistung der Aktivitäten innerhalb eines Prozesses oder Verfahrens
- Effektivität eines Prozesses oder Verfahrens als Ganzes
- Performance eines Gerätes oder einer Reihe von Geräten

Es gibt unterschiedliche Typen von Überwachungs-Tools, wobei die Situation vorgibt, welcher Überwachungstyp benutzt wird:
- Aktives Monitoring im Vergleich zum passiven Monitoring
- Reaktives Monitoring im Vergleich zu proaktivem Monitoring
- Kontinuierliche Messung im Vergleich zur ausnahmenbasierten Messung
- Performance im Vergleich zu Outputs

ITIL definiert nicht im Detail die Inputs/Outputs zur Überwachung und Steuerung. Im Allgemeinen könnte alles überwacht werden. Die Hauptaussage ist die Definition der Überwachungs- und Steuerungsziele. Die Definition der Überwachungs- und Steuerungsziele sollte idealerweise mit den Service Level Requirements beginnen. Der Service-Design-Prozess unterstützt die Inputs zur Definition der betrieblichen Überwachung, der Kontrollnormen und Mechanismen zur Identifizierung.

Überwachung ohne Steuerung ist bedeutungslos und uneffektiv. Die Überwachung muss auf die Erreichung der Service- und

Betriebsziele ausgerichtet sein. Daher gilt: Sollte kein klarer Grund für die Überwachung eines Systems oder eines Services bestehen, sollte auch keine Überwachung stattfinden.

IT-Betrieb

Um, wie mit dem Kunden vereinbart, den Fokus auf die Lieferung des Service legen zu können, wird der Service Provider erst die technische Infrastruktur managen, die benötigt wird, um den Service zu liefern. Gerade wenn keine neuen Kunden hinzugefügt werden und keine neuen Services eingeführt werden müssen, keine Störfälle in bereits existierenden Services auftreten und selbst wenn keine Veränderungen in den existierenden Services vorgenommen werden müssen wird die IT-Organisation mit einer Reihe von Service Operations beschäftigt sein.

Die *Operations Bridge* ist ein zentraler Koordinationspunkt, der verschiedene Events und regelmäßige, betriebliche Aktivitäten managt und über den Status oder die Performance technischer Komponenten berichtet.

Eine Operations Bridge bringt alle entscheidenden Beobachtungspunkte in der IT-Infrastruktur zusammen, so dass sie mit einem Minimum an Aufwand an einer zentralen Stelle überwacht und gemanaget werden können.

Die Operations Bridge kombiniert viele Aktivitäten, wie das Console Management, Event Management, First Line Network Management und leistet außerhalb der Geschäftszeiten Support. In manchen Organisationen ist der Service Desk ein Teil der Operations Bridge.

Beim *Job scheduling* führt der IT-Betrieb Standardroutinen aus, beantwortet Anfragen und liefert Berichte, die die Technik- und Anwendungsmanamgentteams eingereicht haben. Dies ist Teil des Service oder der täglichen Routinewartungsarbeiten.

Grundsätzlich sind Backup und Restore eine Komponente des Good Continuity Planning. Service Design muss daher sicherstellen, dass es geeignete Backup-Strategien für jeden Service gibt. Service Transition muss sicherstellen, dass sie genau getestet sind. Eine Organisation muss ihre Daten schützen, das heißt, Backups fertigen und Speicherung der Daten an dafür vorgesehenen, geschützten Orten, die im Notfall zugänglich sein müssen, vornehmen.

Eine komplette Backup-Strategie muss mit dem Business vereinbart werden und muss folgende Elemente abdecken:
- Welche Daten soll das Backup beinhalten und wie oft muss es gemacht werden?
- Wie viele Datengenerationen müssen erhalten werden?
- Der Backuptyp und die Checkpunkte, die genutzt werden.
- Die Speicherorte, die für die Lagerung genutzt werden und der Rotationsplan.
- Transportmethoden, die genutzt werden.
- Erforderliche Test, die genutzt werden.
- Geplanter Instandsetzungspunkt (planned recovey point); der Punkt an dem die Daten instandgesetzt werden nachdem der IT-Service wieder aufgenommen wird.
- Geplante Instandsetzungszeit (planned recovery time); die maximal erlaubte Zeit, einen IT-Service nach einer Unterbrechung wiederherzustellen.
- Wie wird kontrolliert, dass die Backups funktionieren wenn sie wiederhergestellt werden müssen?

In jedem Fall müssen die IT-Operations-Mitarbeiter in Backup-
und Wiederherstellungsprozeduren qualifiziert sein. Diese
Prozeduren müssen genau im Verfahrenshandbuch der IT
Operations dokumentiert werden. Wo es nötig ist, sollte man
spezielle Anforderungen oder Ziele in die OLAs oder UCs mit
einbeziehen und Benutzer- oder Kundenverpflichtungen und die
entsprechenden Aktivitäten in den relevanten SLAs festhalten.

Eine Wiederherstellung kann auf unterschiedliche Arten
ausgelöst werden; das variiert von einem Event, der Datenverlust
anzeigt bis hin zu Serviceanforderungen von einem Benutzer
oder Kunden. Eine Wiederherstellung ist notwendig im Falle von:

- beschädigten Daten
- Datenverlust
- einem Disaster-Recovery -lan/einer IT-Service-Continuity-
  Situation
- historische Daten, angefordert für die Gerichtsforschung

Druck und Ausgabemanagement

Viele Services liefern ihre Informationen in *gedruckter* oder
elektronischer Form (*Output*). Der Service Provider muss
sicherstellen, dass die Information am richtigen Ort landen, auf
dem richtigen Weg und in der richtigen Form. Dies bezieht häufig
die Information Security mit ein.

Gesetze und Regelungen können eine wichtige Rolle beim
Ausdrucken und beim Output spielen. Die Archivierung der
wichtigen oder empfindlichen Daten ist besonders wichtig.

Service Provider sind generell für die Wartung der Infrastruktur
verantwortlich, die nötig ist, um dem Kunden Ausdrucke und

Output verfügbar zu machen (Drucker, Lagerung). In diesem Fall
muss die Aufgabe im SLA beschrieben sein.

Management und Support von Servern und Mainframes

Server und Mainframes sind wichtige Komponenten einer
IT-Infrastruktur und müssen adäquat gemanagt werden. Die
hierfür erforderlichen Aktivitäten sind für beide Komponenten
ähnlich und umfassen Support für das Betriebssystem,
Lizenzmanagement, Third-Level Support für Incidents, Beratung
bei der Beschaffung, Systemsicherheit, das Management von
virtuellen Servern, Kapazität und Performance und andere
Routineaktivitäten.

Netzwerkmanagement

Für die Servicebereitstellung ist der Aspekt der Konnektivität
mithilfe von Netzwerken von großer Bedeutung. Das Netzwerkmanagement ist für alle Aufgaben rundum das Netzwerk und für
die Zusammenarbeit mit externen Netzwerkanbietern verantwortlich. Zu den Aktivitäten gehören Planung, Installation und
Management von Netzwerken und Netzwerkbetriebssystemen,
Third-Level Support, Netzwerk-Monitoring, Netzwerksicherheit
und Netzwerkadministration.

Speichern und Archivieren

Das stetig wachsende Datenvolumen erfordert ein adäquates
Management in Form von Speicherung und Archivierung.
Die Aktivitäten umfassen das Design und Management aller
Speichergeräte und Speichernetzwerke, die Definition von
Speicher- und Archivierungsrichtlinien, Datenspeicherung
und -abruf und Third-Level Support.

Datenbankadministration

Die Datenbankadministration ist eng mit dem Application
Management verbunden. Die Aktivitäten beinhalten die
Entwicklung und das Management von Datenbankrichtlinien,
das Design und Management von Datenbanken, Datenbank-
Monitoring und Third-Level Support.

Management von Directory-Services

Ein Directory-Service ist eine Anwendung, die Informationen
über alle im Netzwerk verfügbaren Ressourcen managt. Sie
unterstützt das Access Management. Zu den Aktivitäten
gehören die Entwicklung von Directory-Richtlinien, das
Berechtigungsmanagement, Directory-Monitoring und Third-
Level Support.

Support für Desktops und mobile Geräte

Workstations sind für einen Anwender entscheidend und können
insbesondere in einer mobilen Umgebung stark variieren.
Die Aktivitäten für den Support von Desktops und mobilen
Geräten umfassen die Richtlinienentwicklung, das Design und
Management von Standard-Workstation-Images und Third-Level
Support für alle zugehörigen Prozesse.

Middleware Management

Als Middleware bezeichnet man Software, die zwei oder mehr
Softwarekomponenten oder –anwendungen verbindet. Sie wird
oft in serviceorientierten Architekturen (SOAs, Service Oriented
Architectures) eingesetzt. Das Middleware Management
beinhaltet alle Managementaktivitäten, die benötigt werden,
um den vereinbarten Betrieb der Middleware-Infrastruktur
sicherzustellen.

Internet-/Web-Management

Organisationen und IT-Infrastrukturen sind in der Regel in hohem Maße vom Internetzugang und Zugriff auf Websites abhängig. Internet- und Web-Management-Teams werden eingesetzt, um alle Managementaktivitäten auszuführen, die mit der Internet- und Website-Infrastruktur in Zusammenhang stehen.

Facilities Management und Rechenzentrumsmanagement

Das Facilities Management ist für die physische Umgebung verantwortlich, in der die IT-Infrastruktur eingesetzt wird, beispielsweise für Stromversorgung und Kühlung sowie für Gebäudemanagement, Access Management und Umgebungsüberwachung. Die Anforderungen an Rechenzentren werden bereits beim Service Design berücksichtigt. Rechenzentren sind hochkonzentrierte Einrichtungen, die ein integriertes Management erfordern, um die Service Operation zu unterstützen. Die Aktivitäten umfassen alle Managementaktivitäten, die die Verfügbarkeit und den Betrieb von Rechenzentren und zugehörigen Einrichtungen sicherstellen.

6.10 Organisation

Die Service Operation verfügt über logische *Funktionen*, die den Service Desk, das Technical Management, IT Operations Management und Application Management unterstützen.

- Ein *Service Desk* ist der Single Point of Contact (SPOC) für Anwender, die mit Incidents, Change Requests und Service Requests zu tun haben.
- Das *Technical Management* bezieht sich auf das technische Know-how von Gruppen, Abteilungen oder Teams und auf das Gesamtmanagement der IT-Infrastruktur.

- Das *IT Operations Management* führt die täglichen operativen Aktivitäten aus, die für das Management der IT-Infrastruktur in Abstimmung auf die im Service Design definierten Leistungsstandards erforderlich sind.
- Das *Application Management* ist verantwortlich für das Management von Anwendungen während ihres gesamten Lebenszyklus.

Zu den Rollen und Verantwortlichkeiten in der Service Operation gehören:
- Service Desk Manager
- Service Desk Supervisor
- Service Desk Analyst
- Super-User
- Technical Manager/Teamleiter
- Technical Analyst/Architect
- Technical Operator
- IT Operations Manager
- Schichtleiter
- IT Operations Analyst
- IT Operator
- Application Manager/Teamleiter
- Application Analyst/Architect
- Incident Manager
- Problem Manager
- Vertragsmanager
- Build Manager

Service-Operation-Funktionen können auf unterschiedliche Art und Weise organisiert werden, und jede Organisation trifft abhängig von Größe, geografischer Situation, Kultur und Geschäftsumgebung ihre eigenen Entscheidungen.

Service Desk

Ein Service Desk ist eine funktionsfähige Einheit von Mitarbeitern, die mit unterschiedlichen Arten von (Service-) Events zu tun haben. Diese Service Events kommen telefonisch, über das Internet oder die Infrastruktur oder werden automatisch berichtet.

Der Service Desk ist ein wichtiges Element des IT-Bereichs der Organisation. Er muss der einzige Kontaktpunkt, der Single Point of Contact (SPOC) für IT-Nutzer sein und behandelt alle Incidents, Zugangsanfragen und Service Requests. Die Mitarbeiter benutzen Software Tools, um alle Events aufzunehmen und zu handhaben.

Das Hauptziel des Service Desk ist es, den „normalen Service"' so schnell wie möglich wiederherzustellen. „Normaler Service"' verweist darauf, was in den SLAs definiert wurde. Dies kann das Lösen eines technischen Fehlers sein, aber ebenso das Bearbeiten eines Service Requests oder die Beantwortung einer Frage.

Es gibt viele Wege einen Service Desk zu organisieren. Die wichtigsten Optionen sind:

- *Lokaler Service Desk* – Der lokale Service Desk ist am Standort des Benutzers oder physikalisch nah am Benutzer.
- *Zentraler Service Desk* – Die Anzahl an Service Desks kann reduziert werden, indem man ihn an einer einzigen Stelle installiert.
- *Virtueller Service Desk* – Bei der Nutzung von Technologien, speziell das Internet und der Nutzung der Support Tools, ist

es möglich den Eindruck eines zentralisierten Service Desk zu schaffen, während die Mitarbeiter tatsächlich über eine Anzahl von geografischen oder strukturellen Orten verteilt sind.

- *Follow-the-Sun* – Zwei oder mehr Service Desks sind auf verschiedenen Kontinenten beheimatet und werden kombiniert, um einen 24/7-Service bieten zu können.
- *Spezielle Service-Desk-Gruppen* – Incidents, die auf einen speziellen IT-Service bezogen sind, können direkt mit einer Spezialgruppe verbunden sein.

Neben der schnellen Wiederherstellung der normalen Services für den Benutzer, gibt es spezielle Verantwortungen des Service Desk, wie zum Beispiel:

- Erfassung aller Details der Incidents/Service Requests
- First-Level Untersuchung und Diagnose
- Lösung der Incident/Service Requests
- Eskalation der Incidents/Service Requests, wenn der Service Desk sie nicht innerhalb der Zeitskala selbst lösen kann
- Informieren der Benutzer über den Fortschritt
- Schließen aller gelösten Incidents, Requests und anderen Anrufe
- Updating des CMS unter der Leitung und Autorisierung des Configuration Management, wenn so vereinbart

Um die Performance des Service Desk in regelmäßigen Zeitabständen auszuwerten, müssen die *Messgrößen* festgesetzt sein. Auf diesem Weg können die Laufzeiten, Effizienz, Wirksamkeit und Potentiale festgelegt und die Service-Desk-Aktionen verbessert werden.

Neben den „starken" Messgrößen für die Performance des
Service Desk, ist es ebenso wichtig „weiche" Kennzahlen zu
erheben: Kunden- und Anwenderzufriedenheitsumfragen (z. B.
Sind Kunden und Benutzer der Meinung, dass ihre Anrufe genau
beantwortet sind? War der Service-Desk-Mitarbeiter freundlich
und professionell?). Diese Art der Messgrößen kann am Besten
von den Anwendern erfragt werden. Hierbei sollten auch
spezielle Fragen zum Service Desk selbst abgefragt werden.

Technical Management

Das Technical Management hat zwei wesentliche Aufgaben.
Es verwaltet das technische Wissen und die Erfahrung in
Bezug auf das Management der IT-Infrastruktur. Und es stellt
die eigentlichen Ressourcen zur Unterstützung des ITSM-
Lebenszyklus bereit.
Die allgemeinen Aktivitäten des Technical Management
umfassen die Identifizierung, Dokumentation, Entwicklung
und Rekrutierung von Fertigkeiten, die für das Management,
den Betrieb der IT-Infrastruktur und die Bereitstellung
von IT-Services benötigt werden. Des Weiteren gehören zu
diesen Aktivitäten alle IT-Service-Management-Prozesse wie
Design und Entwicklung, Change Management, Release and
Deployment Management, Risikobewertung, Testen, Supplier
Management, Event Management, Incident- und Problemlösung
sowie alle Aktivitäten, die sich auf das Fachwissen der Technical
Management Teams stützen.
Das Technical Management kann unterschiedlich organisiert
sein, z. B. nach Infrastrukturdomänen (Mainframe-, Desktop-,
Netzwerkteams), nach Plattformen (Web-, UNIX-, SAP-Teams),
nach geografischen Aspekten (Niederlassung, Standort, Land)
oder nach anderen Kriterien in Bezug auf die Optimierung
verfügbarer Fertigkeiten.

IT Operations Management

Das IT Operations Management umfasst die *IT Operations Control* (Steuerung des IT-Betriebs) und das *Facilities Management*. Während die IT Operations Control sicherstellen muss, dass alle routinemäßigen operativen Aufgaben zur Bereitstellung der vereinbarten IT-Services ausgeführt werden, ist das Facilities Management für die physische IT-Umgebung, insbesondere Rechenzentren und Computerräume, verantwortlich.

Die IT Operations Control überwacht alle operativen Aktivitäten und Events in der IT-Infrastruktur. Zur Unterstützung können eine *Operations Bridge* oder ein *Network Operations Centre* eingesetzt werden. Die IT Operations Control ist verantwortlich für Aufgaben wie Konsolenmanagement, Job Scheduling, Backup und Wiederherstellung, Druck- und Ausgabemanagement sowie Performance und Wartung. Oft sind die Teams des Technical Management und Application Management auch Teil des IT Operations Management.

Zum Verantwortungsbereich des IT Operations Management gehören die Dokumentation der Standard-Operating-Procedures (Standardbetriebsabläufe, SOP), Betriebsprotokolle, Schichtpläne und -berichte sowie Betriebspläne.

Application Management

Das Application Management spielt auch beim Design, beim Testen und bei der Verbesserung von Anwendungen, die Teil eines IT-Service sind, eine wichtige Rolle. Eine der wichtigsten Entscheidungen im Application Management beschäftigt sich mit der Frage „Entwickeln oder Kaufen?": Soll eine Anwendung gekauft werden, die die erforderliche Funktionalität unterstützt, oder soll die Anwendung nach den Anforderungen der Organisation intern entwickelt werden. Im Gegensatz zur

Anwendungsentwicklung, die sich hauptsächlich mit einmaligen Aktivitäten im Hinblick auf Anforderungen, Design und Build beschäftigt, deckt das *Application Management* den gesamten Lebenszyklus einer Anwendung ab – von Anforderungen über Design, Build, Deployment bis hin zu Betrieb und Optimierung. Das Application Management überwacht den gesamten Lebenszyklus – von *Anforderungen*, *Design* und *Build* über *Deployment* und *Betrieb* bis hin zur *Optimierung.* Das bedeutet, dass das Application Management jede Phase des IT-Servicelebenszyklus unterstützt und die Ausführung aller wichtigen Prozesse aktiv fördert. Aus diesem Grund fällt auch die Dokumentation in den Verantwortungsbereich des Application Management, z. B. Anwendungsportfolios, Anwendungsanforderungen, Use Cases (Anwendungsfälle), Designs und Handbücher.

6.11 Methoden, Techniken und Tools

Eine wichtige Anforderung an die Service Operation ist eine integrierte IT-Service-Management-Technologie (oder ein Toolset) mit folgender Kernfunktionalität:

- Selbsthilfe (z. B. über FAQs in einer Webschnittstelle)
- Workflow- oder Prozessmanagement-Engine
- Integriertes Configuration Management System (CMS)
- Technologie für Erkennung, Implementierung und Lizenzen
- Remote Control
- Diagnose-Tools
- Berichts-Tools
- Dashboards
- Integration mit Business Service Management

6.12 Implementierung und Betrieb

In der Service Operation sind allgemeine Richtlinien für die Implementierung zu beachten:

- *Management von Changes in der Service Operation* – Das Service Operation Team muss bei der Implementierung von Changes darauf achten, dass diese keine negativen Auswirkungen auf die Stabilität der angebotenen IT-Services haben.

- *Service Operation und Projektmanagement* – Prozesse des Projektmanagements kommen allzu oft nicht zum Einsatz, gerade wenn sie hilfreich sein könnten. So sind z. B. wichtige Infrastruktur-Upgrades oder das Deployment neuer Verfahren wichtige Aufgaben, für die das Projektmanagement zur Verbesserung der Kontrolle und des Kosten- und Ressourcenmanagements eingesetzt werden könnte.

- *Bestimmung und Management von Risiken in der Service Operation* – Manchmal ist eine schnelle Risikoevaluierung erforderlich, um umgehend entgegenwirken zu können. Dies ist besonders bei potenziellen Changes oder Known Errors der Fall, aber auch bei Ausfällen, Projekten, Umgebungsrisiken, Suppliern, Sicherheitsrisiken und neuen Kunden, die Support benötigen.

- *Operative Mitarbeiter im Service Design und in der Service Transition* – Die Service Operation Mitarbeiter müssen insbesondere in die frühen Phasen des Service Design und der Service Transition einbezogen werden. Dadurch wird sichergestellt, dass die neuen Services in der Praxis wirklich funktionieren und von den Service Operation Mitarbeitern unterstützt werden.

- *Planung und Implementierung von Service-Management-Technologien* – Vor und während der Implementierung von ITSM-Support-Tools müssen Organisationen verschiedene

Aspekte wie Lizenzen, Kapazitäten oder Zeitplanung berücksichtigen.

Für eine erfolgreiche Service Operation müssen unterschiedliche Herausforderungen gemeistert werden:
- Förderung der Zusammenarbeit von Entwicklungs- und Projektteams
- Rechtfertigung der Finanzierung
- Management einer effektiven Service Transition, Einsatz virtueller Teams und Herstellen eines Gleichgewichts zwischen internen und externen Beziehungen

Kritische Erfolgsfaktoren hierbei sind:
- Unterstützung durch das Management
- Definition von Champions
- Unterstützung durch das Business
- Einstellung und Bindung von Mitarbeitern
- Service-Management-Schulung
- Geeignete Tools
- Gültigkeit von Tests
- Messung und Berichterstattung

Risiken für eine erfolgreiche Service Operation sind:
- Mangel an Finanzmitteln und Ressourcen
- Nachlassen der Dynamik bei der Implementierung der Service Operation
- Verlust wichtiger Mitarbeiter
- Widerstand gegen Veränderungen
- Mangelnde Unterstützung durch das Management
- Mangelndes Vertrauen in das Service Management seitens der IT und des Business
- Sich ändernde Erwartungen des Kunden

7 Lebenszyklusphase: Continual Service Improvement

7.1 Einführung

IT-Abteilungen müssen kontinuierlich ihre Services verbessern, um für das Business attraktiv zu bleiben. Darum dreht sich alles in der Continual-Service-Improvement-(CSI)-Phase des Lebenszyklus. In dieser Phase sind Messung und Analyse von großer Bedeutung, um zwischen Services, die profitabel sind, und Services, die verbessert werden müssen, zu unterscheiden.

Das CSI sollte in allen Phasen des Servicelebenszyklus angewendet werden –von der Service Strategy bis zur Service Operation. Auf diese Weise wird es in die Entwicklung und Bereitstellung von IT-Services voll integriert.

Die Hauptaufgabe von CSI ist die Messung und Überwachung folgender Aspekte:

- *Prozess-Compliance* – Werden die neuen oder geänderten Prozesse ausgeführt?
- *Qualität* – Werden mit den Prozessaktivitäten die angestrebten Ziele erreicht?
- *Leistung* – Wie effizient ist der Prozess?
- *Nutzen eines Prozesses für das Business* – Macht der Prozess einen Unterschied aus?

7.2 Grundbegriffe

Ein *CSI Manager* sollte für das Management aller CSI-Belange verantwortlich sein, aber die Verantwortung für eine bestimmte Serviceverbesserung sollte dem Service Owner (dem Serviceverantwortlichen) obliegen.

Wie bei anderen Prozessen sollten auch beim CSI alle Verbesserungsinitiativen in einem Register erfasst werden. Das *CSI-Register* ist Teil des Service Knowledge Management System (SKMS) und sollte im Hinblick auf Kategorisierung, Priorisierung oder Autorisierung die Best Practices befolgen, die auch für andere Lebenszyklusphasen und -prozesse gelten.

Der Antrieb für Verbesserungen kann intern oder extern erfolgen. Ein interner Antrieb kann durch organisatorische Strukturen, Kultur, neues Wissen oder innovative Technologien bedingt sein. Ein externer Antrieb gründet sich auf Aspekte wie Regelungen, Gesetzgebung, Wettbewerb, Anforderungen externer Kunden, Marktdruck oder Ökonomie. Der SLM-Prozess ist ein Kernprinzip des CSI und sorgt dafür, dass die Serviceverbesserung effektiv auf Geschäftsinteressen abgestimmt wird. Das Knowledge Management spielt für das CSI ebenfalls eine wichtige Rolle.

Organisatorischer Wandel wird benötigt, um den kontinuierlichen Verbesserungsprozess zu einem festen Bestandteil der Organisationskultur zu machen. Nach John P. Kotter, Professor of Leadership an der Harvard Business School, sind folgende acht Schritte für einen erfolgreichen organisatorischen Wandel erforderlich:
- Vermittlung eines Dringlichkeitsgefühls
- Bildung einer Führungskoalition
- Entwicklung einer Vision
- Kommunikation der Vision
- Ermutigung der Mitarbeiter, die Vision umzusetzen

- Planen und Erreichen kurzfristiger Erfolge, so genannter „Quick Wins"
- Nachhaltige Festigung von Verbesserungen und Durchführung weiterer Changes
- Institutionalisierung der Changes

In den 30er-Jahren des letzten Jahrhunderts entwickelte der US-amerikanische Statistiker Deming einen Schritt-für-Schritt-Verbesserungsansatz: den Zyklus *Plan-Do-Check-Act* (Planen-Durchführen-Überprüfen-Handeln, PDCA):

- *Plan* – Was muss geschehen, wer wird es machen und wie?
- *Do* – Ausführen der geplanten Aktivitäten.
- *Check* – Überprüfen, ob die Aktivitäten das gewünschte Ergebnis zur Folge haben.
- *Act* – Den Plan in Abstimmung auf die überprüften Ergebnisse anpassen.

Diesen Schritten folgt eine Konsolidierungsphase, in der die Changes nachhaltig in der Organisation verankert werden. Dieser Zyklus wird auch als Deming-Zyklus (Abbildung 7.1) bezeichnet.

Das CSI setzt den PDCA-Zyklus für zwei Aufgabenbereiche ein:

- *Implementierung des CSI* – Planen („Plan"), Implementieren („Do"), Überwachen, Messen und Evaluieren („Check") und Anpassen („Act") des CSI.
- *Kontinuierliche Verbesserung von Services und Prozessen* – Hierbei liegt der Schwerpunkt auf den Phasen „Check" und „Act", während in den Phasen „Plan" und „Do" nur wenige Aktivitäten, beispielsweise das Festlegen von Zielen, stattfinden.

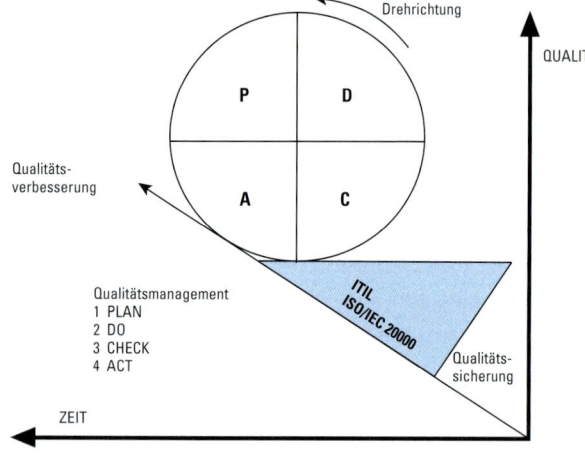

Abbildung 7.1 PDCA-Zyklus

Die *Servicemessung* ist ein wichtiges Element jeder
Verbesserungsinitiative. Um Verbesserungen messen zu
können, müssen *Baselines* als Ausgangspunkt für spätere
Vergleiche definiert werden. Baselines sollten organisationsweit
dokumentiert, anerkannt und akzeptiert werden. Ein wichtiges
Konzept, das auf der Servicemessung aufbaut, ist der Seven-Step
Improvement Process des CSI (siehe Abschnitt 7.4).

Eine *Messgröße* bestimmt, ob eine bestimmte Variable das
festgelegte Ziel erreicht hat. Das CSI benötigt drei Arten von
Messgrößen:
- *Technologiemessgrößen* – Messen die Leistung und
  Verfügbarkeit von Komponenten und Anwendungen.
- *Prozessmessgrößen* – Messen die Leistung der Service-
  Management-Prozesse.

- *Servicemessgrößen* – Messen das Endergebnis eines Service anhand von Komponentenmessgrößen.

Definition von kritischen Erfolgsfaktoren (*Critical Success Factors, CSFs*): Wichtige Elemente für das Erfüllen der Business-Mission. KPIs, die auf diesen CSFs basieren, bestimmen die Qualität, Leistung, Prozess-Compliance und den Mehrwert. Sie können sich auf qualitative (z. B. Kundenzufriedenheitsumfragen) oder *quantitative* Aspekte (z. B. Kosten eines Drucker-Incidents) konzentrieren.

Messgrößen liefern quantitative *Daten*. Das CSI wandelt diese in qualitative *Informationen* um. Kombiniert mit Erfahrung, Kontext, Interpretation und Reflexion wird daraus *Wissen*. Der Fokus des Seven-Step Improvement Process liegt auf dem Erreichen von *Weisheit*. Dazu gehört, dass aus Daten, Informationen und Wissen die korrekten Bewertungen und richtigen Entscheidungen abgeleitet werden. Dieses Modell wird als *Data-to-Information-to-Knowledge-to-Wisdom* (DIKW) bezeichnet.

Die Governance treibt Organisationen an und steuert sie. Die *Corporate Governance* sorgt für ein gutes, ehrliches, transparentes und verantwortungsbewusstes Management einer Organisation. Die *Business Governance* ist die Basis für gute Unternehmensleistungen. Zusammen bilden sie die *Enterprise Governance*, wie in Abbildung 7.2 dargestellt. Die *IT-Governance* ist Teil der Enterprise Governance und schließt die Corporate Governance und die Business Governance ein.

CSI-Richtlinien beinhalten Vereinbarungen über Messung, Berichterstattung, CSFs, KPIs und Evaluierungen.

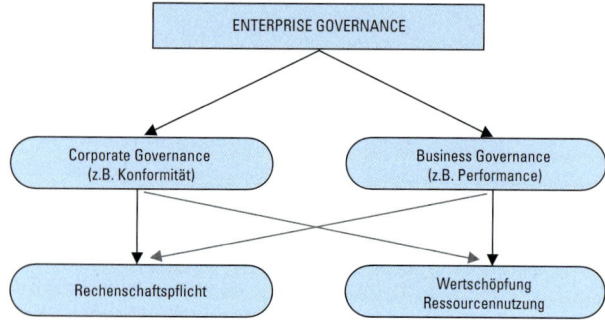

Abbildung 7.2 Das Enterprise Governance Framework (Quelle: CIMA)

7.3 Prozesse und andere Aktivitäten

Dieser Abschnitt erläutert die Prozesse und Aktivitäten des Continual Service Improvement.

Das Continual Service Improvement umfasst den gesamten Servicelebenszyklus und beinhaltet viele Aktivitäten. Diese wurden zu einem einzigen Prozess gebündelt – dem *Seven-Step Improvement Process.*

Vor dem Start eines Verbesserungsprozesses sollten Sie mithilfe des CSI-Ansatzes (sechs Phasen) seine Richtung bestimmen und sich folgende Fragen stellen:

1. *Was ist unsere Vision?* – Formulieren Sie in Abstimmung mit dem Business Vision, Mission, Ziele und Zielsetzungen.
2. *Wo stehen wir jetzt?* – Halten Sie die aktuelle Situation fest, und definieren Sie die Baseline.
3. *Wo möchten wir stehen?* – Legen Sie messbare Ziele fest.
4. *Wie erreichen wir dieses Ziel?* – Stellen Sie einen detaillierten Serviceverbesserungsplan (SIP) auf.

5. *Haben wir unser Ziel erreicht?* – Messen Sie, ob die Ziele
   erreicht wurden, und prüfen Sie, ob die Prozesse eingehalten
   wurden.

6. *Wie behalten wir die Dynamik bei?* – Verankern Sie die
   Changes nachhaltig in der Organisation, um sie verwalten zu
   können.

7.4   Seven-Step Improvement Process

Einführung

Der *Seven-Step Improvement Process* beschreibt, wie
Serviceverbesserungen gemessen und berichtet werden.
Dieser Prozess ist eng mit dem PDCA-Zyklus und dem CSI-
Modell verbunden und mündet in einen *Service Improvement
Plan (Serviceverbesserungsplan, SIP)*. Abbildung 7.3 zeigt
wie das CSI-Modell und der CSI-Verbesserungsprozess
ineinandergreifen.

Grundbegriffe

Das *Messen* ist der kritischste Faktor von CSI. Siehe auch
Schritt Nummer 3 des CSI-Verbesserungsprozess, wie unten
beschrieben. Das Messen sollte jedoch niemals ein Ziel selbst
werden. Man sollte nie vergessen *warum* man misst.

Bevor eine Organisation aussagekräftige Messungen durchführen
kann, muss es eine *Baseline* (Grundlinie) setzen, indem die Frage
beantwortet wird: „Wo befinden wir uns jetzt?" Wenn nur wenige
Daten zur Verfügung stehen, wird zuerst eine Baseline über die
relevanten Daten bestimmt.

Jede Stufe des Managements sollte in die Messungen einbezogen werden: Strategische Ziele, taktische Prozessreife

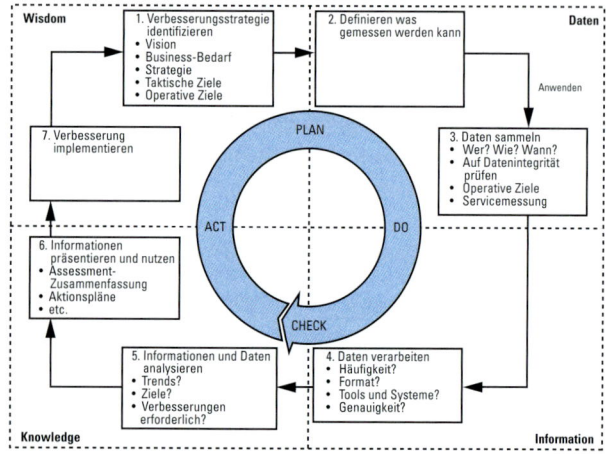

Abbildung 7.3 Verknüpfungen zwischen dem CSI-Ansatz und dem Seven-Step
Improvement Process
Quelle: the Cabinet Office

und Betriebskennzahlen und KPIs. So entwickelt sich eine
Wissensspirale: die Information aus Schritt 6 (Präsentieren
und Anwenden der Informationen) des Betriebszyklus ist der
Input für Schritt 3 (Daten sammeln) des taktischen Zyklus, und
Informationen aus Schritt 6 der taktischen Ebene stellt Daten für
Schritt 3 der strategischen Ebene zur Verfügung.

Aktivitäten

CSI misst und steuert die Maßnahmen des kontinuierlichen
Seven-Step Improvement Processes:

1. *Schritt 1: Verbesserungsstrategie identifizieren* – Folgt aus
   der Vision (Phase I des CSI-Ansatzes) und führt zu einer
   Bewertung der jetzigen Situation (Phase II des CSI-Modells).
2. *Schritt 2: Identifizieren, was gemessen werden kann* – Dieser
   Schritt folgt nach Phase III des CSI-Ansatzes: Wo wollen

wir hin? Während der Untersuchung, was gemessen werden kann, wird die Organisation neue Business-Anforderungen und neue IT-Optionen entdecken. Mit Hilfe einer Gap-Analyse kann CSI die Verbesserungsbereiche entdecken und planen. (Phase 4 des CSI-Ansatzes).

3. *Schritt 3: Daten sammeln (messen)* – Um herauszufinden, ob die Organisation ihr Ziel erreicht hat (Phase 5 des CSI-Ansatzes), müssen die Messungen ihrer Vision, Mission und ihrem Ziel folgen.

4. *Schritt 4: Daten verarbeiten* – Die Datenverarbeitung beinhaltet auch die Festlegung des richtigen Präsentationsformats.

5. *Schritt 5: Informationen und Daten analysieren* – Unstimmigkeiten, Trends und mögliche Erklärungen werden für das Business vorbereitet. (Phase 5 des CSI-Ansatzes).

6. *Schritt 6: Information präsentieren und nutzen* – Die Stakeholder werden informiert, ob das Ziel erreicht wurde. (noch Phase 5).

7. *Schritt 7: Verbesserungen implementieren* – Verbesserungen umsetzen, eine neue Baseline setzen und wieder von vorne beginnen.

Der Zyklus beginnt und endet mit der Identifizierung der Vision und der Ziele, die sich in Phase 1 des CSI-Ansatzes wiederfinden: Bestimme die Vision.

Der Seven-Step Improvement Process und der Deming-Kreis umfassen:

* Plan
  1. Identifizieren der Verbesserungsstrategie
  2. Definieren, was gemessen werden soll

- Do
    3. Sammeln der Daten
    4. Verarbeiten der Daten
- Check
    5. Analysieren der Informationen und Daten
    6. Präsentieren und Nutzen der Informationen
- Act
    7. Implementieren der Verbesserung

Die Inputs für den Seven-Step Improvement Process, die in Schritt 1 einfließen, sind:
- Service-Level-Anforderungen
- Servicekatalog
- Vision, Mission, Ziele der Organisation und Abteilungen
- Governance-Anforderungen
- Budget
- Balanced Scorecard
- Ergebnisse aus SIP von Schritt 7

Der *Output* von Schritt 1 besteht aus einer Liste dessen, was gemessen werden sollte und ist wiederum *Input* für Schritt 2. Eine Liste dessen, was gemessen werden kann, ist der *Output* aus Schritt 2. Diese zwei Listen sind der *Input* für Schritt 3, der folgenden *Output* schafft:
- Monitoring-Plan und entsprechende Verfahren
- Datensammlung, die sich auf die Fähigkeit der IT bezieht, die Erwartungen des Business zu erfüllen
- Vereinbarung über die Zuverlässigkeit und Anwendbarkeit der Daten

Schritt 4 überführt dies in Berichte und logisch zusammen-
gefasste Daten zur Analyse und als *Input* für Schritt 5.
Der *Output* aus Schritt 5 beschreibt, wie Informationen zu
Knowledge werden, gemäß dem DIKW-Modell. Schritt 6 muss
das Knowledge in Wissen übertragen, das benötigt wird für
strategische, taktische und operative Entscheidungen.

Die *Inputs* für Schritt 7 sind die Verbesserungsvorschläge
und -möglichkeiten aus Schritt 6. In Schritt 7 wird bewertet,
welche Vorschläge das wahrscheinlich beste Ergebnis erzielen
werden und setzt diese um. Dies endet in einem SIP, der den
Output von Schritt 7 darstellt. Nun wird gemessen, ob die
gewünschten Verbesserungen eingetreten sind. Dies dient
wiederum als Input für Schritt 1.

7.5   Organisation

Neben temporären Rollen wie der des Projektmanagers
beinhaltet das CSI folgende allgemeine Rollen:

* CSI Manager
* Service Knowledge Manager
* Service Owner (Serviceverantwortlicher)
* Process Owner (Prozessverantwortlicher)
* Prozessmanager
* Praktischer Anwender
* Reporting Analyst

7.6   Methoden, Techniken und Tools

Die *Servicemessung* einschließlich *Baselines* und *Messgrößen* spielt eine wichtige Rolle als Wegbereiter der Serviceverbesserung. Mit den nachstehenden Methoden und Techniken

kann ebenfalls geprüft werden, ob die geplanten Verbesserungen
tatsächlich zu messbaren Verbesserungen geführt haben:

- *Aufwand und Kosten* – Die Wirtschaftlichkeit von Verbesserungsinitiativen muss anhand eines Business Case
  bestimmt werden.
- *Return on Investment* (Investitionsertrag, ROI) – Die
  Messung des Ergebnisses von Verbesserungsinitiativen aus
  Kostensicht erleichtert Investitionsentscheidungen und fördert
  die Entwicklung von Business Cases.
- *Review und Evaluierung der Implementierung* – Die Ver-
  besserungen müssen ausgewertet werden, um festzustellen, ob
  der gewünschte Effekt erzielt wurde.
- *Bewertungen* – Vergleicht die Leistung eines Prozesses oder
  einer Organisation mit einem Leistungsstandard, z. B. einem
  SLA oder einem Reifegrad.
- *Benchmarking* – Eine spezielle Art der Bewertung:
  Organisationen vergleichen ihre Prozesse (Teile davon) mit
  der Leistung derselben Art von Prozessen, die als „Best
  Practice" anerkannt sind.
- *Gap-Analyse* (Lückenanalyse) – Bestimmt, wo die
  Organisation aktuell steht, und wie groß die Lücke dazu ist,
  wo die Organisation stehen will.
- *Balanced Scorecard* – Beinhaltet vier verschiedene
  Perspektiven, aus denen die Leistung einer Organisation
  betrachtet werden kann: Kunde, interne Prozesse, Lernen und
  Wachstum sowie Finanzen.
- *SWOT-Analyse* – Analysiert, welche Stärken, Schwächen,
  Chancen und Gefahren sich für eine Organisation oder
  Komponente ergeben.
- *Swimlane-Diagramm nach Rummler-Brache* –
  Veranschaulicht die wechselseitigen Beziehungen zwischen
  Prozessen und Organisationen oder Abteilungen mithilfe

spezieller Flussdiagramme, so genannter „Swimlanes". Swimlanes sind ein wichtiges Hilfsmittel für die Kommunikation mit Business-Managern, da sie einen Prozess aus einer organisatorischen Perspektive betrachten, die für die meisten Manager kennzeichnend ist.

Oft reicht eine Methode oder Technik nicht aus: Finden Sie die beste Kombination für Ihre Organisation.

Das CSI benötigt verschiedenen Arten von Software, um eine adäquate Unterstützung, Testdurchführung, Überwachung und Berichterstattung für ITSM-Prozesse sicherstellen zu können. Die Anforderungen im Hinblick auf die Erweiterung von Tools müssen definiert und dokumentiert werden. Eine wesentliche Rolle spielt hierbei die Frage: Wo möchten wir stehen?

Service Reporting berichtet über die erreichten Ergebnisse und die Entwicklung der Service Level. Das Ziel ist es, jeglichen Mehrwert, den die IT für das Business hat, mit überzeugenden Fakten zu unterstützen. Mit dem Business sollten Vereinbarungen über das Layout, den Inhalt und die Häufigkeit von Berichten getroffen werden.

Ein *Reporting Framework* besteht aus einer Richtlinie, in der alle relevanten Regelungen (z. B. Empfänger der Reports) definiert werden. Es sollte zusammen mit dem Business und dem Service Design etabliert werden, und zwar für jeden Business-Bereich, so dass man beispielsweise zwischen Sales- und Marketingabteilung unterscheiden kann. Wenn dies abgeschlossen ist, können Daten automatisch (wenn möglich) in aussagekräftige Berichte

umgewandelt werden. Das Reporting Framework beinhaltet
zumindest:

- Zielgruppen und ihre Sicht auf die Services
- Vereinbarungen darüber, was gemessen werden soll und über
  was berichtet wird
- Definitionen aller Begriffe, sowie Ober- und Untergrenzen
- Grundlagen für alle Berechnungen
- Report-Planung
- Zugang zu genutzten Berichten und Medien
- Meetings, um die Berichte zu besprechen

Um den Kunden mit nützlichen Berichten zu versorgen, sollten
die Berichte aus der Business- und der End-to-End-Perspektive
entwickelt werden. Ein Kunde ist nicht an den technischen
Einzelheiten interessiert, die einen Service ausmachen, sondern
nur am Ergebnis selbst.

Für das Service Reporting werden die folgenden allgemeinen
Aktivitäten unterschieden:

- *Daten sammeln* – Zuerst wird die Zielgruppe und das Ziel
  bestimmt und überlegt wie der Report genutzt werden soll.
- *Daten verarbeiten und anwenden* – Ein hierarchischer
  Überblick über die Performance der letzten Periode wird
  erstellt, mit Schwerpunkt auf Events, die das Business
  beeinträchtigen können. Man beschreibt, wie die IT-Abteilung
  diesen Bedrohungen begegnet. Man beschreibt aber auch, was
  gut funktionierte und welchen Mehrwert die IT dem Business
  brachte.
- *Informationen veröffentlichen* – Die Informationen für
  die verschiedenen Stakeholder auf allen Ebenen der
  Organisation werden veröffentlicht. Marketing- und

Kommunikationstechniken sollten genutzt werden, um die
verschiedenen Zielgruppen zu erreichen.

- *Reporting mit dem Business abstimmen* – Bestimmte
  Datengruppen berücksichtigen, die wertvoll für die Zielgruppe sind. Eine End-to-End-Perspektive einnehmen.

Eine regelmäßige Bewertung, ob die jetzigen Berichte immer
noch klare und unmissverständliche Informationen über die
Performance der IT-Abteilung liefern, ist dringend erforderlich.
Sollte dies nicht der Fall sein, ist eine Anpassung des Reportings
notwendig.

Die *Inputs* im Service Reporting sind die Daten, die im Schritt
3 des Seven-Step Improvement Process gesammelt wurden.
Es ist wichtig festzulegen, wie der *Output* aussehen soll, noch
bevor der Input ankommt. IT-Abteilungen sammeln häufig
riesige Datenmengen, die nicht immer für das Business von
Interesse sind. Man beginnt demnach, indem man das Ziel und
die Zielgruppe des Report bestimmt und sich überlegt, wie der
Report genutzt werden soll. Wird er vom Management gelesen,
können Manager und Abteilungsleiter den Report online abrufen
oder wird er in einem Meeting präsentiert? Was passiert als
nächstes damit?

Berücksichtigen Sie die Zielgruppe. Die Organisationsebenen
der Berichtsempfänger haben einen Einfluss auf den Output:

1. *Strategische Denker* – Strategische Denker wollen kurze
   Berichte, mit besonderer Beachtung der Risiken, dem Bild der
   Organisation, Profit und Kosteneinsparungen.
2. *Direktoren* – Direktoren wollen detailliertere Berichte, die die
   Entwicklung innerhalb eines Zeitraumes zusammenfassen,

die aufzeigen wie die Prozesse die Unternehmensziele unterstützen und die vor Risiken warnen.

3. *Manager und Abteilungsleiter* – Manager und Abteilungsleiter befassen sich mit der Überwachung der Ziele, der Team- und Prozess-Performance, der Verteilung der Ressourcen und mit Verbesserungsinitiativen. Maßnahmen und Berichte müssen den Beitrag der Prozessergebnisse aufzeigen.

4. *Teamleiter und Mitarbeiter* – Teamleiter und Mitarbeiter betonen den individuellen Beitrag zu den Unternehmensergebnissen; der Schwerpunkt liegt auf festen individuellen Kennzahlen, und beachtet die Fertigkeiten und berücksichtigt welche Trainings benötigt werden, um sie in die Prozesse einzubinden.

7.7   Implementierung und Betrieb

Bevor Sie das CSI implementieren, müssen Sie folgende Schritte ausführen:

- Rollen für Trendanalysen, Berichterstattung und Entscheidungsfindung einrichten
- Test- und Berichtssystem mit der geeigneten Technologie entwickeln
- Services intern evaluieren, bevor die IT-Organisation die Testergebnisse mit dem Business diskutiert

Aus dem *Business Case* muss klar hervorgehen, ob es sinnvoll ist, mit dem CSI zu beginnen. Anhand einer *Baseline* kann eine Organisation den *Nutzen* und die *Kosten* vor und nach der Verbesserung vergleichen. Die Kosten können durch Arbeit, Schulung und Tools bedingt sein.

Das CSI kann folgende Vorteile bieten:
- Kürzere Markteinführungszeiten

- Kundenbindung
- Geringere Wartungskosten

Zu den kritischen Erfolgsfaktoren für das CSI gehören:
- Akzeptanz in der gesamten Organisation, auch seitens des oberen Managements
- Eindeutige Kriterien für die Priorisierung von Verbesserungsprojekten
- Technologie zur Unterstützung von Verbesserungsaktivitäten

Die Einführung des CSI birgt folgende Herausforderungen und Risiken:
- Unzureichende Kenntnis der IT-Auswirkung auf das Business und seine Prozesse
- Mangelhafte Berücksichtigung der Informationen aus Berichten
- Mangel an Ressourcen, Budget und Zeit
- Falsches Bestreben, alles auf einmal ändern zu wollen
- Widerstand gegen (kulturellen) Wandel
- Ineffizientes Supplier Management
- Unzureichendes Testen aller Verbesserungsaspekte (Personen, Prozesse, Produkte)

Das CSI verwendet eine Vielzahl von Daten aus dem gesamten Servicelebenszyklus und praktisch aus allen seinen Prozessen. So verschafft es sich einen Überblick über die Verbesserungsmöglichkeiten für eine Organisation.

Das *Service Level Management* (SLM) aus der Design-Phase des Lebenszyklus ist der entscheidende Prozess für das CSI. Es vereinbart mit dem Business, was die IT-Organisation messen muss und wie die Ergebnisse aussehen sollen. Das SLM verwaltet und verbessert die Qualität von IT-Services, indem es eine kontinuierliche Vereinbarung, Überwachung und Berichterstattung der IT Service Level sicherstellt.

Wie alle anderen Changes im Servicelebenszyklus müssen auch CSI Changes den Change-Management- und Release-and-Deployment-Management-Prozess durchlaufen. Das CSI muss einen *Request for Change* (RFC) beim Change Management einreichen und nach der Implementierung einen *Post Implementation Review* (PIR) durchführen. Die CMDB muss ebenfalls aktualisiert werden.

Abkürzungen

AMIS	Availability Management Information System
APMG	APM Group
BCM	Business Continuity Management
BCP	Business Continuity Plan
BCS	British Computer Society
BIA	Business-Auswirkungsanalyse (Business Impact Analysis)
BPO	Business Process Outsourcing
BRM	Business Relationship Manager
BU	Business Unit (Geschäftsbereich)
CAB	Change Advisory Board
CASE	Computer Aided Software Engineering
CCM	Component Capacity Management
CFIA	Component Failure Impact Analysis
CI	Configuration Item
CMDB	Configuration Management Database
CMIS	Capacity Management Information System
CMS	Configuration Management System
CS	Change Schedule
CSF	Critical Success Factor (Kritischer Erfolgsfaktor)
CSI	Continual Service Improvement
DIKW	Data-Information-Knowledge-Wisdom
DML	Definitive Media Library (maßgebliche Medienbibliothek)
ECAB	Emergency Change Advisory Board
ELS	Early Life Support
FTA	Fault Tree Analysis (Fehlerbaumanalyse)
GTB	Grow the business (Business erweitern)
HR	Human Resources (Personalabteilung)
ISMS	Information Security Management System

ITIL	Information Technology Infrastructure Library
ITSCM	IT Service Continuity Management
itSMF	IT Service Management Forum
ITT	Invitation to Tender
KEDB	Known Error Database
KPI	Key Performance Indicator
KPO	Knowledge Process Outsourcing
LCS	Loyalist Certification Services
M_o_R	Management of Risk
MTBF	Mean Time Between Failures (Durchschnittliche Zeit zwischen zwei Ausfällen)
MTBSI	Mean Time Between Service Incidents (Durchschnittliche Zeit zwischen zwei Service-Incidents)
MTTR	Mean Time to Repair (Durchschnittliche Zeit bis zur Reparatur)
MTRS	Mean Time to Restore Service (Durchschnittliche Zeit bis zur Wiederherstellung des Service)
OGC	Office of Government Commerce
OLA	Operational Level Agreement (Vereinbarung auf Betriebsebene)
PBA	attern of Business Activity (Business-Aktivitätsmuster)
PDCA	Plan–Do–Check–Act (Planen-Durchführen-Überprüfen-Handeln)
PFS	Prerequisite for Success (Voraussetzung für den Erfolg)
PIR	Post Implementation Review (Review nach der Implementierung)
PRINCE2	PRojects IN Controlled Environments
PSO	Projected Service Outage (voraussichtliche Serviceunterbrechung)

RACI	Responsible (zuständig für die Durchführung), Accountable (letztliche verantwortlich), Consulted (muss/soll beteiligt werden, liefert Input), Informed (muss über den Fortschritt informiert werden)
RAD	Rapid Application Development
RAG	Red, Amber, Green (Rot, Gelb, Grün)
RFC	Requests for Change
ROI	Return on Investment (Investitionsertrag)
RTB	Run the business (Business ausführen)
SAC	Service Acceptance Criteria (Serviceabnahmekriterien)
SACM	Service Asset and Configuration Management
SAM	Software Asset Management
SCM	Service Catalogue Management
SCMIS	Supplier and Contract Management Information System
SDLC	Service Development Lifecycle
SDP	Service Design Package
SFA	Service Failure Analysis (Serviceausfallanalyse)
SFIA	Skills Framework for the Information Age
SIP	Service Improvement Plan (Serviceverbesserungsplan)
SKMS	Service Knowledge Management System
SLA	Service Level Agreement (Service-Level-Vereinbarung)
SLAM	SLA Monitoring
SLM	Service Level Management
SLR	Service Level Requirement (Service-Level-Anforderung)
SMS	Service Management System
SoC	Separation of Concerns
SoR	Statement of Requirements (Anforderungserklärung)

SPM	Service Portfolio Management
SPOC	Single Point of Contact
SPOF	Single Point of Failure
SWOT	Strengths (Stärken), Weaknesses (Schwächen), Opportunities (Chancen) und Threats (Bedrohungen)
TCU	Total Cost of Utilization
TSO	The Stationery Office
TTB	Transform the business (Business transformieren)
UC	Underpinning Contracts (Vertrag mit Drittparteien)
VBF	Vital Business Function (Kritische Business-Funktion)
VCD	Variable Kostendynamik (Variable Cost Dynamics)